U0009223

孫正義解決問題的

數值化
思考法

孫社長にたたきこまれた
すごい「数値化」仕事術

三木雄信 著　**羊恩媺** 譯

第1章 為什麼「數值化」能提高生產力？

第2章 絕對能解決問題的「數據分析 7 大道具」

第**3**章 常見的「錯誤數值化」與 3 大陷阱

第 **4** 章 要對數字很有概念，
必須知道的理論、法則

第 **5** 章　終極數值化工作術：軟銀的「三次元經營模式」

前言
讓數字成為工作的「最大幫手」

「什麼事情都從數字開始思考。」

「思考之前先列出數字，議論之前先了解數字。」

「不能用數字表達的人就別待在這裡了！」

「這個數字很奇怪，這個百分比的分母跟分子是什麼？」

如果你的主管這麼對你說，你會怎麼想呢？「數字、數字，一直跟我說數字我也沒轍啊……」你可能會像這樣，覺得有點厭煩。如果是很怕數字的人，應該會更嚴重吧。不過在某一個時期，主管幾乎每天都對我說這樣的話。那位主管，就是軟銀的總裁孫正義。

本書介紹的是我在孫社長帶領下學會的「數值化工作術」。「在商場上，數字是很重要的」──我想你或許已經聽這句話聽到耳朵長繭了。應該也有很多人因為公司或主管強迫「用數字（拿出根據）證明」、「交出數字（成果）」，而累積了壓力吧。

不過，我將介紹的軟銀孫總裁的「數值化工作術」（或稱「數值化思考法」）則是截然不同的的東西。希望各位讀者理

解：這不是很多日本企業會有的「被高層強迫去做的『被動數值化』」，而是「屬下推動高層的『主動數值化』」。意思就是說，將數字變成自己的武器，現場的人就能由下往上地說服經營階層、管理階層，或是讓自己想做的提案獲得採納。

　　各位覺得怎麼樣？是不是有點躍躍欲試呢？即使是一聽到數字就覺得厭煩的人，是否也認為「這種方式的數值化，我會想了解一下」呢？

本書「數值化」的不同之處！

以往的數值化	本書的數值化
● 被高層強迫去做	● 自己主動去做
● 有業績、壓力	● 解決問題的工具
● 長時間勞動	● 時間短，提升生產性
分析完就結束了	能協助展開下一步

過去　　　　未來

令人厭煩　　　躍躍欲試

「數值化」是最強的問題解決工具

我在 25 歲時，換到軟銀上班。被分發到總裁辦公室，在孫總裁的身邊經手了各式各樣的案子：

- 創立與微軟共同經營的中古車資訊服務「carpoint（現名：carvview）」
- 與美國納斯達克交易所合作，開設「日本納斯達克」證券交易所
- 收購日本債券信用銀行（現 AOZORA 銀行）
- 創立 ADSL 事業「Yahoo! BB」

儘管從數以萬計的工作中舉幾個例子，列出來的也都是這種大型專案。這些事業或案子都是過去在日本史無前例的全新挑戰。都是從零開始推動，所以當然不可能一帆風順地進行。

沒有人經歷過的問題接二連三地發生，就好像公司處處噴出火焰一般。要說到這些問題是怎麼解決的？答案就是使用「數字」。用數值掌握在現實中發生的狀況後加以分析，探究問題所在及根本原因，並思考解決對策，進而執行，接著再用數值掌握、分析執行後的結果。一邊迅速進行這個循環，一邊用超高速解決問題——這就是孫社長式「數值化工作術」。

當然，孫總裁也扎扎實實地將這個工作術傳授給我了。而

且，任職於總裁辦公室這個與孫總裁距離最近的職位，我接觸的都是難度相當高的要求。

一開始，我為了滿足這些要求而吃盡苦頭，不過隨著經驗成長，我開始理解數值化與工作的密不可分，也親身感受到：只要使用數值化工作術，很多問題都能用令人驚訝的高速來解決。同時，我也能了解我在開頭提到的孫總裁的話了。「數值化」就是如此強而有力的問題解決工具。

用「數值化工作術」快速提升生產力

等到我能將數值化工作術用得淋漓盡致後，不只有孫總裁，連公司內各式各樣的人都會拜託我解決問題。看來他們似乎覺得：「只要交給三木先生做，就一定能做好。」聽我這麼說，各位讀者可能會覺得我很帥，不過其實就跟「什麼都做兼問題處理負責人」差不多。

其中特別麻煩的案子，就是「Yahoo! BB」。服務剛開始後，有非常多人申請，無奈 ADSL 開通工程卻發生大幅延誤，導致一大堆客訴、查詢電話殺進客服中心。知道這個情況後，孫總裁便照例對我說：「你去想辦法解決。」讓我當場變成客服中心的統籌負責人，負責解決問題。

在本書中，我會詳細說明當時是怎麼解決的，不過當然，

那個時候幫了大忙的還是數值化工作術。解決了這麼大的混亂後，我再次確信了數值化的威力。

　　後來，我離開了軟銀創業後，仍然以「問題解決家」的身分，被各式各樣的企業和案子召喚。另外還有好幾次，我站在「公司外董事」的立場，對企業無法靠一己之力克服的煩惱問題提出建議，協助解決問題。

　　舉例來說，某家網路廣告企業公司就因為採用了我建言的數值化工作術，脫離虧損狀況，股價也翻升 10 倍。國家和政府的案子也曾找過我。過去，在社會因為年金記錄問題而鬧得沸沸揚揚的時候，我就被當時創立社會保險廳的作業委員會找去解決這個年金編號記錄遺漏的大型社會問題。

　　在這個時間點，確認編號用的未處理文件大概累積有 500 萬筆，在我運用數值化工作術後，成功在大約 1 年期間將業務率提升了 4 倍。

「錯誤數值化」在日本企業蔓延

　　現在，我傾力於自己的公司經營的英文學習 1 年完全支援方案事業「TORAIZ」。這個事業以「在 1 年期間學會英文」為理念，提供過去的英語會話教室沒有的全新服務，因此就和在

軟銀的時代一樣，天天都有史無前例的問題發生，不過這些問題也都靠數值化迅速解決了。

結果，從 2015 年春天開始的服務在 1 年後，就已經達成盈餘化了。學習據點的教室在東京、千葉、大阪的 6 個地方開幕，今後預計開幕的教室也已經決定好了，事業規模據速擴大。順便告訴各位：我的公司幾乎完全零加班。

伴隨 TORAIZ 的業務擴大，員工的工作量應該也增加了，可是每個人都能有效率地工作，所以生產性極高，這是我非常引以為傲的地方。這全都是拜數值化工作術所賜。話雖如此，就像我在前面提到的，就算不用我說，大家也都應知道「數值化很重要」了。

我也在過去的著作中，頻頻說明數值化的重要性。然而，在演講會等場合說到這部分的時候，一定會有人這麼問我。

「我知道數值化很重要，但是到底要把什麼東西數值化？」
「我不曉得要怎麼分析數值，活用在工作上……」

即使理解不能不進行數值化，但是具體來說，該如何運用在自己的工作或商務現場？完全摸不著頭緒……。我感受到這樣的煩惱和迷惑。最近，統計學的書風行，許多人對數值化和數據分析很有興趣。然而，應該有大半的人是「就算看了統計學的書，自己的工作還是完全沒有改變」吧。另一方面，我也

常聽到有人這麼說。

> 「公司裡已經有很多數值了，我一直忙著做那些資料，營業額和利潤卻完全沒有成長。數值化不僅沒意義，更是害人不淺吧？！」

說的沒錯，我也承認這樣的現實。不少日本企業都陷入了「**數值化代謝症候群**」，不斷重複得不到成果的無謂數值化，使得生產性和現場士氣都非常低迷。尤其是因為經營不振而苦的企業，這種傾向似乎很嚴重。只不過，這都是「錯誤數值化」造成的。數值化僅是達成目標的道具。要是數值化本身變成了目的，那就沒有意義了。

說實話，這樣的錯誤數值化之所以會蔓延，都是經營方的責任。遺憾的是，日本很少有能正確活用數字的經營人，即使抱怨「是因為高層無能」，也無法解決眼前的問題。

不需要高超的統計知識或 Excel 技術

那麼，究竟該如何是好呢？告訴各位讀者這個答案，就是本書的最大目的。我希望許多人都能知道孫社長嚴格傳授給我，並且透過無以數計的問題解決經驗鍛鍊而成的「數值化工

作術」。我也希望所有的商務人士能靠這個工作術迅速解決現在面臨的問題，從數值化代謝症候群中解脫，獲得活力──這個想法成了我提筆寫下本書的動力。

第一章闡述了數值化的效用，以及數值化工作術的基礎。或許各位讀者已經聽過很多次了，不過關於人們常問我的「該將什麼數值化？」這一點，我應該沒有提過太多。

第二章介紹了具體的數據分析法。舉出能解決工作上大部分問題的「7 大道具」，同時介紹了使用 Excel 的數據分析法及方便的工具。

第三章說明了數值化後仍無法解決的問題，以及不斷做「錯誤數值化」的人容易掉入的陷阱。

第四章介紹的則是與數字相關的各種法則和理論。你的週遭應該也有「對數字很有概念」的人吧？這就是因為他們了解能在商務場合派上用場的幾項法則和理論。

第五章是本書的總結整理，列出軟銀的「三次元經營模式」當作個案研究。很多人認為軟銀是因為孫社長與生俱來的直覺和經營觀念才達成急速成長的，但其實他的每一項戰略，都有數值佐證。所以，我會在這一章舉出軟銀的商業模式，並解說前幾章介紹的數據分析、數學相關法則是如何實際活用的。

本書介紹的數值化及數據分析的手法，全都能用 Excel 簡單辦到。簡單迴歸分析、複迴歸分析、柏拉圖分析……各位聽到可能會覺得「不懂這種高度的 Excel 技術，就沒辦法做到」，

其實完全不需要困難的技術。只要按照本書寫的去做，就能做到，簡單得令人驚訝。當然，各位也完全不用學艱澀的統計學專業知識、複雜的數學理論。

對數字沒概念也有成效

即使如此，或許還是有很多人覺得自己對數字沒概念。應該有不少人一聽到「數字」，腦海中就會浮現負面的字眼，例如「業績數字」、「增加數字」、「數字壓力」等。不過，這是因為這些數字都是被人強加在自己的身上的。

孫社長式數值化工作術基礎，就是「為了解決眼前的問題，自己找出數字」。為了自己想做的事、想達成的目標，收集最有可能派上用場的道具，並自由自在地運用這些道具，輕鬆越過眼前的牆壁，抵達最後的目標──希望各位能如此看待本書介紹的數字使用方法。

不管是什麼樣的難題，只要能像打電動過關一般，體驗「解決了！」的成就感，就能實際體會數字這個工具是多麼可靠的幫手了。越是覺得「我真的對數字很沒概念……」、過去對數字敬而遠之的人，效果應該會越大。這也一定會讓使用數字變得越來越有趣。到了這個時候，你的工作方式和創下的成果，一定也會和現在有很大的不同。

第 1 章

為什麼「數值化」
能提高生產力？

數值化工作術的優點及 7 大基礎

　　不管是什麼樣的企業，工作現場每天都會發生問題。無論負責人員再怎麼思考，也想不到好的解決方法。即使和在現場工作的人們討論過好幾次，還是得不出改變現狀的想法。當然，在我還任職於軟銀的時候，公司內各個地方也發生了這樣的狀況。結果不曉得為什麼，孫總裁對我這麼說：「三木，你去解決。」

　　看來，孫總裁似乎對我擔任「問題解決家」──也就是「清掃人員」有所期待。在我離開軟銀獨自創業之後也一樣。拚命絞盡腦汁仍完全想不出解決問題的方法，不知該如何是好的企業或組織，都會找我求救，我以公司外董事或顧問的身分，解決了許許多多的難題。

　　其中有為業績成長而煩惱苦思的初創企業，也有當時因為「消失的年金問題」而四面楚歌的前社會保險廳等政府機關。**然而，不管是什麼樣的委託，我的做法都是一樣的。那就是「試著將問題數值化」**。只要進行數值化，就會知道問題在哪裡。這麼一來，等於解決了一般的問題。

　　在第一章，我會先解說「為什麼數值化之後，能超高速解決問題」，之後再介紹數值化工作術的「7 大重點」。

1 孫總裁徹底堅持「數值化」的原因

　　只要是商業人士，大家在工作的時候或多或少都會意識到數字。如果是推銷人員，會在意這個月的營業額；負責網路行銷的人會在意網站的瀏覽數及成果；若是人事，則會在意剛畢業的大學生應徵人數或員工的離職率。完全不在乎數字的人反而比較少吧。

　　如果換成經營人或管理階層，這個傾向會更明顯。畢竟從中長期的經營計畫到每天的預算管理，營運組織所需的事物全都是根據數字在運作的。然而實際上，有多少人了解數字的真正威力，並活用於工作上呢？經我這麼一問，應該有大半的人腦海中都會立即浮現問號吧。

　　在這當中，孫總裁對數字的堅持超出其他經營人非常多。我也曾近距離看過美國雅虎的幹部等許多國際領導人的工作情況，但是我確定：孫總裁對數字的執著絕對是全世界頂尖的。既然在這樣的經營人手下工作，軟銀的員工們當然也必須「用數字思考，用數字表達」。

　　董事或管理階層當然不用說，連現場的一般員工都徹底實施這項方針。日常的報告、聯絡、商量，如果不根據數字說話，沒人會理你，這就是軟銀的文化。

　　我親眼看過好幾次——幹部們被孫總裁找來開會的時候，孫總裁連珠炮似地詢問：「這裡跟上個月的比率為什麼是110％？」、「要怎麼做才能提升到130％？」、「130％太難了？你這麼說的根據是什麼？」結果什麼都答不出來的幹部們只能離開辦公室。對於擔任總裁辦公室室長，經常在孫總裁身邊的我，孫總裁更是毫不留情。正因為如此，我才學會了「什麼事情都用數字思考」這個商務的基礎。

將目標數值化，才能驅使人行動

　　孫總裁為什麼這麼執著於數字呢？那是因為，他比誰都清楚數值化的好處。**數值化的一大好處，就是能看清「在達成目標以前該做什麼」這個具體的行動。**各位讀者透過自己的經驗，應該也能理解吧？

　　舉例來說，光是想著「我想減重」，大概無法開始減肥。那麼，如果換成數值化呢？「我要在 3 個月後瘦 6 公斤。」像這樣換成數字後，就能立刻知道「只要每個月減 2 公斤，每週減 500 公克即可」。接著，就能將「1 週減 500 公克的話，只要減少晚餐的份量，應該就能達成了」等「該做的事」具體化。

　　只要了解「接下來改採取的具體行動」，人就會開始朝著目標前進。意思就是說，數值化之後，才能驅使人行動。同

時，數值化也具有提升動力的效果。

在減肥過程中也一樣，光是每天量體重做記錄，我們就會心想：「我距離目標還有 3 公斤，繼續努力吧！」只要數值化，就能看見、了解到終點前的完成度及自己努力的結果，加倍提升動力。

用數值化分析營業額卻沒有成長的原因

在解決工作或商場的問題時，數值化能發揮同樣的效果。只要將問題數值化，就可以將該採取的行動具體化，朝著解決前進。因為將問題改成數字，即能正確掌握現狀，將問題的根本要因明確化。乍看之下完全摸不清頭緒的大混亂狀況，也可以在數值化後看清真面目，必定能找出解決的方法。

某家企業的幹部煩惱著營業額完全沒有成長的問題。他為了和客戶約時間推銷而增加人手，拚命打電話，推銷人員們加班到半夜、勤跑業務，但是事態仍然沒有好轉。他找我商量之後，我便將問題數值化。

我請他們給我「新客戶人數」、「續約率」，而不是整體的營業額或訂單數，並指示他們分別調查「各地區」、「各業種」的數字。結果，我知道了下面兩點：

・新客戶人數有成長，但第二次以後的續約率很低
・美容業界的續約率一枝獨秀，其他業界的續約率都很低

　　這能讓我們正確掌握「現狀」，同時明白「根本的問題要因」。我們知道問題的要因是「好不容易獲得的新客戶，很多都立即解約了」及「連不太可能持續下訂單的客戶都去推銷」。只要了解到這個程度，就能知道接下來該做的事。答案就是「集中對美容業界推銷」。

　　於是，負責推銷的人們不再隨機打電話，從可能成為客戶的清單中鎖定美容業界，進行推銷。結果，新客戶中有大半都續約了，累計訂單數也順利增加，使得整體營業額大幅成長。就像這樣，不管是多困難的問題，只要將之數值化，就能找到解決的起點。而且，還可以一口氣縮短解決的時間。

　　就是因為數值化有這些好處，所以孫總裁才會那麼執著於數字，充分活用數值化的威力。軟銀創業以來，接二連三地邁進新的領域。從銷售軟體開始，到創立網路搜尋入口網站「Yahoo! Japan」、加入 ADSL 事業、開始行動電話事業並獨占銷售 iPhone、透過開發 Pepper 進軍機器人事業……，而且這些都是在非常短的期間內達成的。

　　這是涉足沒有經驗和技術的未知領域，所以當然會發生各式各樣的問題。即使如此，這些事業還是能急速成長的原因，就是孫總裁及員工們運用「問題數值化」的技術，以超過其他

公司好幾倍、好幾 10 倍的速度解決問題。

正因為這樣，從零創業的小型初創企業才能在短短 35 年左右的時間，進化成市值 10 兆日圓規模的巨大企業。

2 數值化後，
就能知道怎麼著手

　　商務或工作不順利的時候，大多都是因為同時發生了好幾個問題。營業額沒有成長，客訴又增加，負責處理的人工們加班時間變長，對這樣的工作感到疲憊的人不斷遞出辭呈。簡直就像惡性循環一般，問題如火苗一樣從各個地方噴出來——應該有不少人經歷過這樣的狀況吧？

　　然而，就現實上來說，要一次解決所有問題是不可能的。用於解決問題的人力、時間、金錢等資源都有限。因此，就必須決定優先從那個問題開始著手。可是，即使開會議論解決方法，也很難順利統整大家的意見。

　　有人主張：「應該增加推銷人員。」有人對於「應該著力於促銷活動」不肯退讓，有人則提案：「要不要雇用專門處理客訴的專家？」每個人都站在各自的立場發言，最後只是不斷地在議論的死胡同裡打轉。或者是問題太多，不知道才從那裡下手才好，對問題無計可施。在這種時候，數值化也會成為強力好幫手。只要進行數值化，「該從那個問題開始著手」的優先順序就會變明確了。

　　我在軟銀的時候，被任命為 ADSL 事業「Yahoo! Japan」的客服中心統籌負責人。在這之中，負責介紹業務內容的客服

中心當初每個月會有超過 100 萬通來自顧客的電話打來。從諮詢服務到對軟銀的意見和客訴等，內容各式各樣，但是不管怎麼說，這個數量還是多過頭了。

　　在此之前，業務成本和接線生的人事費有增無減。而且，嚴重的問題是不好好應對諮詢電話，就有可能導致辛苦獲得的顧客流失。我被逼得非得立刻找出解決方法不可。

解決 20% 的問題，整體 80% 的問題都能解決

　　然而，在聆聽現場員工的說法後，我發現每個人的意見都不一樣。

　　「我希望網站上的『常見問題』內容能更充實，這樣顧客就算不用頻頻打電話來，也能知道問題的答案。」
　　「接受申請的代理店業務人員應該更仔細地說明商品。」
　　「既然要提升接線生的應對技巧，應該要在研修上多花功夫吧？」
　　「乾脆縮短客服中心的營業時間不就好了？」

　　照這個情況看來，不管收集多少意見，也無法得知「該從什麼開始著手？」的優先順序。於是，我便請他們將客服中心

收到的諮詢和客訴記錄全部印出來。接著，我請員工幫忙依照內容類型分類。只不過，分類並沒有很嚴密的標準，只是大概的分類。只要迅速看過一遍，按照「這是跟『數據機品質』相關的問題吧」、「這是在說『操作方法』很難懂」、「這是『對業務的抱怨』吧」這樣粗略分類即可。我拜託他們「大概分成7類」，因此最終出現在我面前的，就是7疊堆積成山的紙。

　　其中有兩座山和其他的山比起來，擁有壓倒性的高度。光是看到這幅景象，我就知道這兩座山占了全體問題的80％左右。意思就是說，只要解決這兩個問題，就能解決80％的問題。這麼一來，該從哪裡開始著手就顯而易見了。

　　排列優先順序的標準，就是「從解決後能帶來較大效果的部分開始做起」。當時，解決這兩座紙山的問題就是最優先要務。如果是「數據機品質」，就委託品質管理部門或數據機廠商處理；如果是「操作方法」，就改善使用說明書或網站上的FAQ；如果是「對業務的抱怨」，就改善業務手冊，或是重新審視代理店的指導體制。就像這樣，只要知道優先順序，具體該做的事也能定下來。接下來只要迅速執行解決方案就行了。各位讀者應該聽過「80／20法則」吧？

　　這是「20％的要素決定全體的80％」的法則，用在解決問題上的話，既可說是「只要解決20％的問題，整體問題的80％都能獲得解決」。客服中心的事例完全符合這個法則。數值化能找出「只要解決這個問題，就能得到很大的效果」的二

成問題，這可以一口氣加快解決問題的速度。

　　即使是在發生各式各樣的問題，不知道該從何著手的狀況下，也能以最快速度改善狀況，交出成果。

3 不採納大嗓門與沒有目的的
提案和意見！

　　不進行數值化的話，要客觀了解「解決後能帶來最大效果的問題」是很困難的。各位看了我在客服中心聆聽意見時的情況，就能知道人的意見一定會很主觀。有可能是過去的成功體驗帶來的一廂情願，有可能是部門之間的互相干擾，也有可能時人們在無意識之間為了自保而採取行動。

　　也就是說，人的思考會有各式各樣的偏見。因此，數值化後將客觀的事實攤在陽光下，不少時候會發現「原來意想不到的地方才是最大的問題」。**特別危險的是：只有立場在上位的人與嗓門大的人的意見才獲得採納。**

　　一如我剛才舉的事例，發生「營業額沒有成長」的問題時，如果沒有一個人拿出客觀的事實，結果會變得怎麼樣呢？漫長的會議到了最後，組織的最高層人員怒喊：「總之就是幹勁不夠。業務部要更努力，勤跑業務拉業績！」之後結束──很有可能會變成這樣。

　　如果事態演變成這樣，週遭的人也無話可說，之前的議論全都會化為空談。不管是多離譜的提案或意見，也只能遵從。而且問題永遠都不會解決。還有什麼能比這樣更沒生產性呢？這樣的組織，遲早會無法存活下去。

反過來看，數字對誰來說都是絕對的事實。數字「1」對所有人來說都是「1」。不管有多偉大、嗓門有多大，這個事實都不會改變。不管提出數字的是總裁還是新進員工都沒差。孫總裁執著於數字的原因，也在於此。

世上的人們可能會覺得孫總裁是個無論如何都要強制執行自己意見的獨裁經營人，不過事實恰恰相反。不管對方是屬下、年輕員工，還是初次見面的客戶，只要是正確的想法，就算和自己的意見不同，他也會接受。跟對方的職位、立場毫無關係。那麼，要怎麼判斷正不正確呢？答案就是「數字」。

孫總裁不會用「好、壞」、「喜歡、討厭」等主觀來判斷一個人的意見或想法。只要用數字客觀提出「這樣做就能帶來結果」就沒問題，無法提出數字則會被回絕。

正因為思考這麼單純，無論面臨多大的問題，都能選擇最佳的解決方法，用最快的速度執行。另一方面，很多日本企業的文化都是只要上面的人一開口，「白的也能變成黑的」。所以，光是「因為上面的人這麼說」，就會讓人停止思考。然而，這樣不僅無法解決現在日本企業的各種問題，也無法獲得在變化莫測的時代生存下去的競爭力。為了脫離這樣的低成長，每個人都必須要理所當然地用數字思考，用數字表達。

4 「主管不肯行動」是因為沒有提出數字

只要進行數值化，立場處於上位的人、嗓門大的人毫無根據的意見，就不會通過。反過來說，過去無法開口的現場人員或年輕員工，就能讓自己的意見通過，驅使上層的人行動。

前述的「Yahoo! BB」客服中心事例，也是由數字來說話。將客服中心收到的諮詢分類之後，發現關於數據機品質的客訴很多，於是我便更深入探討原因。

分析結果顯示，只要減少和數據機相關的客訴，客服中心的來電率就會從 5％減至 4％。由一通電話的成本來換算，只要來電率減少 1％，每個月就能刪減 4,000 萬日圓的成本。我將寫了這些數字的報告提交給經營陣營，告知解決方法就是請數據機的廠商進行改良後，馬上就獲得執行了。

如果只是要求「跟數據機有關的客訴很多，希望可以想辦法處理」，上層應該不會行動吧。可是，秉持數字這個客觀的事實，表示「只要解決這個問題，就能對公司的經營帶來很大的益處」，上面的人也會接受，主動採取行動。

說得更明白一點，「不換算成數字＝錢，上面就不會認為是自己的問題」。就算直接把在現場發生的問題帶到高層人員面前，他們也只會說：「現場的問題就在現場解決。」為了讓高

層人員有當事人的自覺，挪動沉重的身軀行動，只能把「我們公司會損失這麼多錢喔！」這樣的事實攤在他們眼前。

　　不這麼做的話，無論經過多久，根本的問題都無法解決，只有成為問題的眾矢之的的現場員工辛苦、疲憊。**在現場直接面對問題的一般員工和年輕員工，更應該活用數值化的技術。**「只要為了解決這個問題進行投資，就能帶來這麼多的利潤」像這樣用數字解釋，就是說服上面的人最有效的方法，也是下層推動上層的最大武器──各位要懂得這一點。

圖 1-1 數字會成為「推動上層人員的最強武器」

5 實踐「數值化工作術」的 7 大重點

　　讀完到此為止的說明，我想各位應該清楚了解將問題數值化的好處和重要性了。話雖如此，可能還是有很多人不懂：「我理解數字很重要，但是該怎麼做才好？」

　　「每個月的業務會議，我都用數字報告。除此之外還有什麼該做的嗎？」
　　「在高層人員的指示下，我收集了超多數據，應該夠了吧？」

　　應該也有人這麼認為吧？不過，本書講的「數值化」並不只是胡亂收集數字，或是確認過去的實績。使用數字，是為了解決眼前的問題，以最快速度達成目標。**掌握「如何處理數字」的訣竅是不可或缺的**。所以就讓我來解說「數值化工作術」（＝利用數值化高速解決工作問題的技術）基礎──7 大重點吧。

重點一　不是靠別人給，而是靠自己找

當我對商務人士說：「將問題數值化是很重要的喔。」經常會得到這樣的回答：「數值化我已經在做了。畢竟每次開會，公司都會給我們龐大的數據資料。」不過，這些數字只不過是其他人給你的罷了。收集數據、進行數值化的不是自己，而是主管或其他部門的人。

使用其他人收集的數字，能解決自己眼前的問題嗎？如果公司和個人對問題的認知完全一致，公司給的數字當然也能直接活用於自己的工作上。可是大部分的時候，在會議上收到的資料最終還是派不上用場，只被擱在一旁不管吧？倘若公司給予的數字無法解決自己的問題，那就是搞錯了該用的數字。

主管或其他部門的人不可能正確掌握個人面對的問題。如果你是常跑現場的推銷人員，每天都會直接跟顧客對話，或是在店鋪觀察商品的銷路、消費者的動向，應該能察覺「這個部分有點奇怪」、「這裡應該改善一下比較好吧」。

但是，在公司內完全負責管理工作的主管，或是從沒去過現場的其他部門的人，沒有機會掌握這種現狀。只要無法掌握現狀，就無法正確設定問題，所以也沒辦法收集能有效解決問題的數字。既然這樣的話，那要由誰收集數字呢？沒錯，就是你。為了解決「自己的問題」，非得測量真正必要的數字，進

行分析，再做成「數值」這個道具不可。

　　意思就是說，對自己來說有用的數字，應該要靠自己親手打造。對工作有用的資訊，並非一開始就以數字的形式存在。剛開始，幾乎全都只是工作中的小小發現、微微的異樣感。不將這些感覺放著不管，思考「有沒有能為這些現象佐證的數字」，並由抱持問題意識的現場人員找出必要的數字，才會讓真正的「數值化」成為可能。因此，要先擁有「要靠自己數值化」的強烈意志力。這就是實踐數值化工作術的第一步。

圖 1-2 從「被動」轉變為「主動的數值化」

 被動

 主動

❶ 受到上層人員指示，莫可奈何地收集收據　→　現場人員要主動積極地進行數值化

❷ 只分析現有的數字　→　親手打造真正必要的數字

❸ 不認為能解決眼前的問題　→　具有解決眼前問題的強烈意志力

重點二　不是「了解情況」，
　　　　　而是「思考解決方法」

　　在軟銀，是不允許單純的結果報告的。「本週的新顧客獲得數和獲得成本是這樣。」要是給孫總裁的報告只有這樣就結束了，一定會讓他暴跳如雷。「我不管『過去怎麼樣』，給我說『接下來要怎麼做』。」要我們說得是未來，而不是過去。

　　數值化的目的是為了引起接下來的行動。當然，分析過去是必要的，但這只不過是為了決定「接下來要怎麼做」的材料。換句話說，**無法導向「未來＝接下來的行動」的數值化，是沒有意義的**。

　　這是工作的所有個人該意識到的重點，同時也是主管或管理階層的人尤其不能忘記的重點。很多日本企業在個人的成果或實績方面，都會對目標進行非常瑣碎的數值化。然而，大半的公司都是只給予數值目標，然後說「之後你們自己想辦法」，直接丟給個人。

　　嚴重的時候，甚至有些主管會為了責備「那個人有多差」，或是為了讓屬下自覺自己做不好的地方，而使用數字。站在主管的角度來看，他們或許是想讓屬下有危機意識，但用數字來緊迫盯人，最後導致屬下工作動力低落，才是最沒意義的。如果你是主管，請一定要有「這個數值化能不能有效讓屬下採取接下來的行動」的觀點。

　　孫總裁的說話方式很嚴厲，但是就這一點來看，還是很單純。就算當下的數字很差，對於能夠根據這些數字思考「接下來要怎麼做」，採取適切行動，進行改善的屬下，孫總裁更會給予正當的評價。

　　反而是報告的數字很順暢，但是一被問到「接下來要怎麼做」卻無法馬上回答，只用「我會再想想」來打馬虎眼的屬下，會被孫總裁毫不留情的裁掉。

　　數值化不是為了回顧過去，獲得滿足感，也不是為了把誰搞成壞人，而是為了打造未來。請各位牢牢記住這一點。

重點三　數值化的第一步是「分類」

　　「我知道自己去找能解決問題的數字，進而採取未來的行動是很重要的。但是具體來說，該找什麼樣的數字呢？」這個疑問非常有道理。不管是什麼樣的現象，只要想將之數值化，一定做得到。

　　就算要把眼前的「蘋果」數值化，也能找出重量、高度、顏色濃度、甜度、日本的收穫量、每個品種的收穫量、每個都道府縣的收穫量、出口量等，要有多少數字，就有多少數字。即使說要「找出數字」，也不曉得該找什麼數字來判斷「這應該能解決問題」。會有人有這樣的迷惘也是無可厚非的。不

過，其實一開始該做的事是一定的。那就是「分類」。

　　我所介紹的業務部事例也一樣，依照業種分類新顧客，算出續約率後，找出了「集中對美容業界推銷」這個有效的解決方法。我在軟銀的時候，能成功進行客服中心的業務改革，也是因為將諮詢內容分類成紙山，找出問題的優先順序。如果不進行「分類」的作業，只看著整體營業額或利潤、客訴總數，應該永遠無法解決問題吧。不分類也無法計測必要的數字。

　　「數之前，先分類」，這是數值化工作術的鐵則。分類方法不只有種類、類型。「將過程分類」也是解決問題的有效方法之一。工作一定會有起點（輸入）和終點（輸出）。我們可以將其間的過程分類，分別算出數字。

　　舉例來說，假設你是房仲業務，抱著無法達成每個月業績目標的問題。這個時候，「起點」就是第一次和顧客接觸。具體來說，就是對方來店，或是寫郵件洽詢的時候。而「終點」則是簽約。確定起點和終點後，就將其間分成幾個過程。

　　若是房仲業者，應該可以分成「聆聽顧客要求，提供房屋資訊」、「看房子」、「談簽約條件」、「貸款審核」、「簽約」等過程吧。這麼分類之後，就可以分別計算進入各個步驟的人數和直通率。只要知道「提供房屋資訊給顧客後，有 70% 進展到看房子，不過進展到談簽約條件的只有其中的 5%」，應該就能推測出在「看房子」到「談簽約條件」的過程中，發生了某

些問題。

■ 白領族的生產性低，是因為沒有做「過程分類」

　　聽我這麼說明之後，可能有人會覺得這只是非常理所當然的檢核。然而，**實際上幾乎所有的人都是只看「無法達成每個月的目標」這個最終結果，而煩惱苦思「該怎麼做才好」**。應該只有極少人會將自己的工作過程分類，並且把得到結果前的過程數值化吧。

　　「將過程分類」這個數值化的基礎，在製造廠商的製造現場，都像家常便飯般徹底執行。如果是汽車，就會明確分類為「沖壓」、「熔接」、「塗裝」、「成形」、「組裝」、「檢查」等製造過程。不僅如此，在各個過程都會計算直通率，嚴格確認故障品的發生率。另外，每個過程的時間也會受到嚴格管理，有時候甚至會以秒為單位設定每個零件的目標時間。因此，他們可以當場計算「今天『熔接』→『塗裝』之間發生的故障率比目標多了 0.1％」等數字，思考下一步的行動「明天該如何控制在目標值以內」，進而執行。

　　反觀白領族的工作，就不會像製造業那樣進行明確的過程管理了。因此，他們既沒有依照各個過程數值化，也沒有充分利用數字進行分析或檢核。

　　日本製造現場的生產性是全世界頂尖的，可是白領族的生

產性卻很低——最大的原因之一，就是他們沒有徹底執行「將
過程分類」的作業。正因為如此，商務人士若想做出成果，主
動將工作過程分類、進行數值化是很重要的。

■ 一開始只是「粗略的分類」也無妨

就像這樣，「分類的標準」會有各式各樣的形式，例如「類
型」、「業界」、「過程」等。只不過，其中並不存在著「這種
情況要這樣分類才正確」的規則或理論。因為問題的性質、發
生的環境不同，適切的分類方法也會有所不同。

各位或許會覺得「要是沒有明確的規則，就算我想分類也
分不來」，其實不會。如果沒有規則，只要自行決定分類方法
即可。思考「Yahoo! BB」客服中心的改善方法時，我也不是
一開始就決定好要如何將印出來的諮詢內容分類。

我和員工們分工合作，在各自看完十幾張諮詢內容之間，
不知怎麼地看出「這張跟這張應該是同類吧」的標準，紙山就
自然而然地形成了。只不過就結果來說，是分類成「數據機品
質」、「對業務的抱怨」罷了。

因此，不需要一開始就清楚決定分類方法的標準。搞不清
楚狀況，就在搞不清楚狀況下先動手，開始進行分類作業，之
後就會看出標準了。

　　如果是團隊一起解決問題，我建議一定要由團隊的所有成員共同進行分類作業。我常讓團隊成員齊聚一堂，叫他們用 N 次貼寫下「你覺得問題的要因是什麼」。舉例來說，假設是英文會話教室的事業，思考了「想減少退會的學生」的問題。這個時候，我會召集各間教室的營運人，發給每人 5 張 N 次貼，拜託他們：「請大家想想學生退會的原因，並把想到的原因寫下來。」接著，我會在白板上貼出這些 N 次貼，進行分類。

　　「這邊的原因是『錢』。」
　　「『公司加班』跟『養育孩子』能不能整理在『忙碌』這邊？」

　　像這樣到處移動 N 次貼後，就會漸漸出現幾個類別了。即使沒有清楚的標準，也可以在現場靠實際發生的狀況進行即時的適切判斷。這個作業的重點是不要一個人做，要「召集多數人一起進行」。召集所有熟知這個問題的人，儘可能大量收集用於數值化的材料。而且還要在當場一舉互相提出意見，這樣就能迅速地分析現狀。

　　換句話說，可以同時提升解決問題的品質和速度。就像這樣，只要實踐「先分類」，就會看見數值化的線索。只是粗略的分類方法也無所謂，先著手進行眼前現象的分類作業吧。

圖 1-3 團隊解決問題時

1 召集全員，請大家寫下「問題的要因是什麼」

2 一邊相互提出意見，一邊進行分類

3 看出該優先進行數值化＆解決的問題

重點四　看見問題後，分類，再計算

　　進行大略的分類作業，看見問題所在後，就再分類得更細，用數字計算吧。這也沒有規則，不過有幾個知道就能派上用場的「計算重點」。舉例來說，「根據日子」計算數字就是最初步的數值化方法。

　　計算每一天的「員工加班時間」，就能看出「週一、週五的加班時間比較少，週三、週四則超過了目標值」等傾向。此外，「根據地點」計算數字也是常用的數值化方法。舉例來說，有連鎖店的企業在比較每家店的營業額時，就必須依照「商業區」、「住宅區」、「商業設施內」等各種地點特性來分類。

　　或者是用「人」來計算，有時候也很有效。畢竟就算都是對同樣的業者下訂單，結果也會因為承辦人員而改變。在請某家代理店承包客服中心業務時，承辦人員 A 擔任負責人的團隊收到的客訴很少，承辦人員 B 擔任負責人的團隊就收到很多客訴──這樣的情況也是有可能發生的。只有根據業者計算數值，才會發現這種情況。算出每位承辦人員──「人」──的數字，才能發現問題。

　　就像這樣，分類得更細之後再計算數值，多半都能朝著解決問題再進一步。要是有時間煩惱「該計算什麼的數字才好」，

還不如先動手，這是很重要的。在重點三應該就能大概看出問題在哪裡了，所以要根據該階段設定假說也無妨。

在工作的起點和終點之間，如果覺得「這裡可能有問題」，就計算看看，這樣一定能看出某些事實。

如果在起點投入 100 公升的水，從終點流出來的卻只有 30 公升，就表示其間一定有堵塞的地方。既然這樣的話，只要將過程切分成幾個區域，計算各個區域流入流出的水量，一定能找出「這裡堵住了」等原因。

不管是多大的問題，只要將起點和終點之間分解成幾個小區域，進行計算，就能發現瓶頸了。

重點五　重點是「用數字表達」現實問題

容我再重複一次：光收集數字是沒有意義的。很多人都誤會了一點，那就是「數據」本身其實是沒有意義的數字。舉例來說，假設有人發表了「日本總人口是 1 億 3,000 萬人」。這個數字是事實，可是除此之外沒有任何意義，只不過是「日本住著 1 億 3,000 千萬人」的單純確認。因此，如果只有數據，是沒辦法派上用場的。

重要的是將數據「結構化」，轉變為「information（資訊）」、「knowledge（知識）」。在日本，這些字眼都是以模糊的形式使

用，不過在國外卻有明確的定義。Information 是指「整理數據後得到的具有解釋和意義的資訊」。

換句話說，能夠回答「這是什麼意思？」的，就是 information。說出「日本的總人口有 1 億 3,000 萬人。這個數字在今年持平，日本將面臨人口減少的局面」之後，這個數字才會成為「information」。

Knowledge 是指「將 information 體系化，整理出來的知識」，能回答「接下來該怎麼拓展？」這個問題。只要說：「如果人口如此持續減少，到了 2060 年，總人口會掉到 9,000 萬人，高齡化率達 40％。因此，必須建立可以由少數現役世代（主要指 20 歲到 60 歲之間繳納社會保險費，撐起公家年金制度的世代。）撐起多數退休世代的新社會保障制度。」這些數字就可稱為「Knowledge」。

在日本，人們總是會覺得「數據應該能派上用場」，不過如果只是單純的數字，就沒有任何意義。將單純的「數據」改善成「information」、「knowledge」，將現實中模模糊糊的現象置換為有意義的數值，再採取接下來的行動，達成目標──做到這個程度，才可說是數值化。

■ 商業世界的事情，全都用算式來表示

將單純的「數據」轉換為有意義的「information」、
「knowledge」。總而言之，這就是「模式化」。簡單來說，即為
「將現實中模模糊糊的問題或現象轉換成算式，進行結構化」。下
面這個例子可能有點突兀——我想大家應該都知道「牛頓萬有
引力定律」。

這是在說「所有物體都會互相吸引。吸引力的大小和互相
吸引的物體質量乘積成正比，和距離平方成反比」，用算式表
示的話，就是「$F = G\,Mm / r^2$」。用算式進行模式化後，「蘋果
從樹上掉下來」的單純現象就會變成這樣。

同樣的，在商業世界發生的各式各樣的現象，全都能用算
式表示。算式一定解得出來，所以只要進行數值化，就能解決
問題。把牛頓拿來當例子，或許會讓各位讀者覺得模式化很困
難。可是，其實模式化距離我們非常近。在商業世界發生的事
全都是由數字構成的，所以才能用算式表示。舉例來說，零售
業的營業額就會是這樣。

「1 平方公尺的營業額×店鋪面積×營業天數」某業務部
的營業額則會是這樣吧。「每位業務單天的營業額×業務人數
×營業天數」大家覺得怎麼樣呢？應該沒有那麼困難。孫總裁
說「用數字思考」，指的就是這樣。

可能有人一聽到「算式」，就害怕地心想：「我數學很爛。」

可是，在商務使用的幾乎都是乘法。就算再加上補充使用的加法或減法，也都是懂國小數學的人可以毫無問題地實踐的。重要的不是數學的知識或敏感度，而是有沒有我在重點一提到的「靠自己數值化」的意志力。

■ 進行算式化後，就能算出不是隨便亂猜的預測值

將商業現象模式化的好處，就是「可以算出預測值」。**只要能預測未來，就會瞬間知道「下一步該怎麼做」，因此可以高速採取接下來的行動，比競爭對手更快改善事物，獲得很大的成功。**要在商場上勝出，應該沒有什麼狀況比這更有利吧。

「Yahoo! BB」初期，軟銀推出促銷活動「遮陽傘」。在街頭撐起遮陽傘，建立簡易的販賣處，並在附近不斷發放裝著數據機的紙袋。這個時候，我們也算出預測值，並根據預測值訂定營業額計畫。只要用「地點」、「打工人員對工作的熟練度」等要素做乘法計算，就能輕鬆算出一天大概要發幾台數據機。

用「每個小時的通行量」來置換，就可以將地點數值化。打工人員對工作的熟練度則參考連續出勤月數，以「熟練＝3」、「普通＝2」、「不熟＝1」來計算。即使是人的技術或經驗等品質方面的要素，只要如此進行數值化，就能放進算式中。僅先算出預測值，並根據這個數字設定目標，即使出現沒有達成目標的遮陽傘攤位，也能迅速處理。

圖 1-4 「用算式表示」的好處

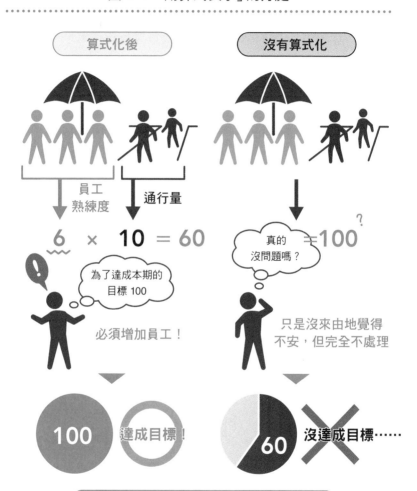

用算式表示，可以預測未來，比別人早
一步採取接下來的行動。

「沒達成目標的是打工人員熟練度低的遮陽傘呢。既然這樣的話，就從其他遮陽傘把經驗比較久的打工人員調過去吧。」就像這樣，可以立刻採取下一步行動。**「能預測未來」會成為商場上最強的武器**。為了獲得這項武器，養成「用算式表示」的習慣格外重要。

重點六　數值化後，PDCA 會持續高速循環

就像我反覆告訴各位的：數值化的目的，是為了採取接下來的行動。在商場上，「只有執行」一途。無論再怎麼使用數字進行分析，只要不採取行動，就無法產生任何成果。

使用數字，即能分析現狀、算出預測值，也可以根據預測值訂定計畫，然而，若不實際執行，就無法得知事情是否能依照計畫發展了。「進行縝密的市場調查後，依照消費者的需求開發出新商品，可是實際上市之後，卻完全沒銷路」──這是很常見的狀況。

最重要的，就是在進行數值化、訂定目標或計畫後，先付諸執行。接著再用數值計算執行結果，進行檢核，如果還是無法解決問題，就再執行別的解決方法。高速轉動這個 PDCA 循環，才是以最短距離抵達目標終點的方法。

「數值化工作術」中的 PDCA 如下：

P（規劃）：用算式將問題結構化，並理解各個數字的關
　　　　　係，訂定計畫。

D（執行）：執行計畫。

C（檢核）：分析計畫和執行的差異，掌握問題的優先順
　　　　　序。

D（行動）：執行改善方案。

　　這是簡明易懂的 PDCA 循環，不過，軟銀則是將「D」放在「P」前面，或者常常是「P」和「D」幾乎同時進行。總而言之，就是不要只停留在「計畫」階段，花費無謂的時間，必須儘快進入「執行」階段。

■ 軟銀認為「早點失敗比較好」

　　當然，進入執行階段之後，有時候也會失敗。應該說，軟銀在採取行動時，會將失敗也放進計畫裡。因為重要的不是結果成功還是失敗，而是「儘早知道與計畫之間的差異」。沒有什麼是比執行的結果、獲得的數值更正確的。

　　在計畫階段算出的數值只不過是「預測值」，付諸執行則可以得到「實測值」。這正是光靠在計畫階段無謂地研究數據絕對無法獲得的貴重寶物。因此，軟銀認為「快點失敗反而比較好」。計算預測值和實測值的差異，進行分析後，就會知道

「為什麼會產生這樣的差異」，這樣才能導出更精確的改善方法。接著再執行這個新方法，即可確實改善狀況，離終點更進一步。

高速運轉這個循環，就是找出解決問題的正確答案的唯一捷徑。在未來不透明的現代，不管在「計畫」上花多少時間，都無法提升確實性——這就是孫總裁領導的軟銀的思考方式。

■ 害怕失敗，在計畫上花太多時間的日本企業

相反的，很多日本企業都有在計畫上花太多時間的傾向。這是因為他們害怕失敗。由於太害怕失敗，他們會非常小心謹慎地收集所有的資訊，在公司內不斷討論，「等到所有人都接受之後，再付諸執行」。

然而，在這麼做的期間，商場和業界環境會不斷變化。不管是多麼劃時代的點子，一旦錯失時機，就會被競爭對手超越，消費者的喜好也會改變。而且，在計畫上花越多時間，公司內的員工就越容易疲憊，導致動力降低。這也是理所當然的，畢竟不管再怎麼擬定計畫，不付諸執行就無法得到「太好了，成功了！」的成就感和充實感。

好不容易付諸執行後，能迅速進行「檢核」、「改善」的企業也不多。他們會覺得「這是花費時間好不容易訂定的計畫」，可以先觀望一下。這就是許多日本企業的傾向。本來，

日本就有大半的企業是「每半年或每個季度重新審視目標或方針一次」，最短也至少要一個月吧。

　　相較之下，軟銀的「檢核」、「改善」循環有多長呢？答案是「即時」。不是每個月一次、每週一次、每天一次，而必須在每一瞬間確認當下的數值，隨時思考下一步。能夠做到這個地步，是因為公司已經建立了能即時掌握所有數值的系統。

　　舉例來說，手機的新簽約客戶人數等，也會即時傳送到員工使用的裝置，隨時都能確認。看到數字後，如果判斷「今天的新簽約人數可能無法達到目標值」，就當場思考改善方法，立刻執行。這就是軟銀員工的日常生活。

　　比起每半年或三個月召集董事一次，悠悠哉哉地互相報告過去數字的企業，誰能在商場上勝出？結果應該顯而易見吧。不讓數值化結束在數值化，一定要和迅速執行配套，還有高速進行 PDCA——這就是軟銀強大的祕密。

重點七　繼續確認數字，察覺環境變化

　　利用數值化解決問題之後，還不是最後的終點。在工作之間，每天都會發生新的問題，即使達成了一個目標，還是必須達成下一個更高的目標。

　　此外，商場環境時時刻刻都在變化，所以成功一次的數字

分類方式和算式，也會因為時間經過而遠離現狀。因此，即使在做同樣工作，遇到和過去相似的情況，也必須定義符合現在狀況的分類方法，算式也要換成符合時代的新算式。不這麼做的話，就有可能漏掉重要的數字，或是算出錯誤的數值。

　　舉例來說，在智慧型手機登場的時候，很多 IT 企業都因為沒有重新進行類型分類，導致在商場上落後別人一步。過去，網路上的所有服務都是透過電腦使用的。因此在智慧型手機問世後，不少企業在計算網站瀏覽數和服務用戶人數時，還是沒有分成「電腦用戶」、「智慧型手機用戶」。結果就導致無法掌握智慧型手機用戶劇增的事實，一直傾力於電腦專用的服務，犯下致命的錯誤。

　　現在想來，或許會覺得難以置信，但是在環境變化的過渡期，一定會有企業跟不上時代。**能夠比別人早一步發現這種環境變化，也是數值化工作術的好處。**只要每天確認數字，亦會發現「過去幾乎一致的預測值和實測值之間，突然出現誤差」等變化。這個時候很有可能是環境發生了變化。

　　若能察覺這一點就太好了，只要依照本書前面說明的數值化重點，鎖定誤差的要因，就能搶先其他公司一步，解決問題。軟銀就是因為即時實踐這個方法，才能以壓倒性的強大力量勝過競爭對手。不要只把數值化用於解決一時的問題，而要當成每天的習慣。這可說是在商場上保持連勝的唯一方法。

6 現代商務最重要的「5 大數字」

　　就像這樣，軟銀的現場員工都即時實踐數值化工作術。每個人處理的數字會因自己負責的服務或業務而不同，但是這些數字最終都能協助公司的經營。

　　反過來說，對公司經營沒有幫助的數字，再怎麼收集、分析都沒有意義。因此，在現場工作的員工也都必須從經營的角度來理解數字。話雖如此，這也不是什麼難事。因為公司的經營可以靠下面的「5 大數字」輕易進行結構化。

- ·顧客人數
- ·顧客單價
- ·存留期間（顧客存留期間）
- ·獲得顧客的成本
- ·維持顧客的成本

　　只要控制這 5 個數字，公司的經營就能成立。對經營來說，最重要的就是產生利潤。營業利潤可以用下列的算式表示。「（顧客人數×顧客單價×存留期間）－（獲得顧客的成本＋維持顧客的成本）」因此，為了讓公司的利潤最大化，我

們可以這樣控制數字。

- 「顧客人數」、「顧客單價」→提升
- 「存留期間」→拉長
- 「獲得顧客的成本」、「維持顧客的成本」→降低

　　一邊像這樣調整 5 個數字，一邊使利潤最大化，就可說是公司經營的終極目的。同時，這也是數值化的目的。請各位理解：分別算出數字、進行算式化、算出預測值也全都是為了「控制 5 大數字」。倘若不理解這個本質，無論我說再多次「數值化很重要」，各位讀者還是不會懂，只停留在「聽命行事」。

　　如果公司的經營無法持續下去，對於在公司工作的人來說，會受到非常大的影響。因此，不要斷定「現場的人哪懂經營」，我希望各位能有自己也參與了控制 5 個數字的自覺。只要每個人都意識到這個目的，應該就能強化公司的經營，個人和組織也會共同成長。

　　軟銀的經營就是以這 5 大數字為基礎，成長茁壯。現在的商場上，意識到「存留期間」特別重要。意思就是要重視「終生價值（LTV）」，指的是「一名顧客在一生當中帶來的價值和利潤」。如何持續獲得利潤，而不是只賣一次商品或服務就結束？尤其是在人口＝消費者人數減少的日本，這個想法會大幅左右企業的經營。

利用終生價值的想法獲得成功的代表性商業模式，就是印表機。只賣印表機本身沒有什麼利潤，但是之後讓消費者繼續購買墨水，生意就成立了。只要物聯網普及，預計這種商業模式也會更加普及。

在此之前，產品或零件只要賣出一次，基本上與顧客的關係就斷絕了。然而，在賣完商品之後，只要透過網路繼續和顧客保持關係，就比較容易持續提供新服務，維持長期的關係。

今後，所有的產品應該都會利用購買後的保養及維修賺錢，或是促使消費者重複購買、追加購買，朝著「儘量從一名顧客獲得長久的利潤」的方向前進。

當然，軟銀也從初期開始，就意識到終生價值了。孫總裁常說：「最好是像牛口水一樣的生意。」像牛的口水一樣長長流下來，也就是能持續賺錢的生意，對公司來說是最棒的。從數值化的觀點來看軟銀的經營，就能清楚了解這裡非常重視前述的 5 大數字。我把以 5 大數字為軸心的經營手法取名為軟銀的「三次元經營模式」，詳細內容會在第五章解說。

7 活用數字能帶來致命的差距

在本章的最後，我想再提一下「為什麼現在要數值化」。從以前開始，數字對商場來說就是必須的，但是隨著各式各樣的IT 工具進化，收集數據和分析可以用過去無法相比的低成本輕鬆進行。

舉例來說，在不久以前，「從龐大的文字中抽出有關聯性的詞語，進行分析」這個作業對一般人來說是不可能的任務。「想要分析用戶做的問券調查」時，就要委託專門的顧問公司，支付好幾百萬日圓的費用。然而，現在只要使用名為「KH Coder」的工具，任何人都能輕鬆完成這個分析。而且，這項工具是免費提供的，所以連錢都不用花。

如果取得數字、進行數值化等作業，都能輕易完成，那會發生什麼事呢？聰明活用數字的人、企業對上還是靠直覺和經驗法則的人、企業，應該會出現可說致命的差距。

既然不花費成本也能收集數字的話，只要經營陣營或員工們有數值化的技術，預算和人手較少的初創企業或中小型企業要創造出讓世人驚嘆的革新，也不是不可能。相反的，即使是擁有預算和人手的大企業，如果不好好活用數字，就會立刻被競爭對手或新興勢力追過，走向衰退。

　　另一方面，也有該注意的地方，那就是當數值化變簡單，「無謂的數值化」就容易發生。我的周遭也很常聽見「公司一直叫我拿出數字，可是什麼問題都沒有解決，公司的業績也沒有提升。結果只是浪費時間而已啦」這樣的聲音。有不少企業都像這樣，陷入無謂換來無謂的「數值化代謝症候群」。

　　因為不用花錢，就一直說「反正你就去收集數字」，這樣不管有多少時間都不夠用。就算不用花錢，也要花時間，而時間就是成本。為了與達成目標毫無關係的數值化耗費成本，降低生產性，那就本末倒置了。數值化確實是萬能的工具，但只限於用法正確的時候。（我會在第三章解說在進行數值化時容易誤會的「數值化的陷阱」，同時說明「能解決問題的數值化和只是浪費時間的數值化有什麼不同」）

第 **2** 章

絕對能解決問題的
「數據分析 7 大道具」

不需要統計知識或高超的
Excel 技術！

隨著 IT 工具發達，我們也進入了能用低成本收集各式各樣數據的時代。只不過，問題就在於該如何分析這些數據、如何活用於工作和商務上。最近很流行統計學的書，這應該也是因為有很多人想知道上述問題的解決方法吧。

當然，學習統計學並不是白費力氣的事。可是你的工作有因此出現任何變化嗎？是不是有人只了解理論，卻不曉得該如何運用在每天的工作上呢？

所以，本章要介紹的就是我常在工作上實際使用的「7 大數據分析手法」。1.過程分析、2.散布圖及簡單迴歸分析、3.複迴歸分析、4.柏拉圖分析、5.T字帳、6.差異分析、7.終生價值分析。我不只會解說以上各種手法，還會假想各式各樣的事例，具體說明在什麼場合該如何使用，所以各位一定能掌握「利用數值化解決問題」是什麼樣的情形。

同時，我也會介紹知道了會很方便的數據分析工具。這些都完全不需要困難的統計學知識或高超的 Excel 技術。從今天開始，請你實際在工作上用用看。

1 過程分析
解決效率不彰，找出具體策略

　　我要先介紹的就是「過程分析」。我每天都會用到過程分析，在軟銀的時代當然不用說，現在經營的 TORAIZ 事業也一樣。只要是商務人士，每個人應該都曾因為無法在工作上得到理想的成果而煩惱吧，在這種時候找出「在工作起點到終點之間，哪裡出了問題」，並想出具體改善策略的手法，就是效果超群的過程分析。將過程分類，測量、記錄每個過程，設定解決方法的假說並付諸執行，或是用數字檢核──過程分析就是要高速循環這些步驟。

　　這個手法是基本中的基本，做法本身也極其簡單。用 Excel 會比較方便，不過用手寫記錄在筆記本上也無妨。當然，你完全不需要統計學的知識。這是輕鬆又非常簡單的手法，效果卻會立即顯現。

　　本章介紹的「7 大道具」之中，也屬這項特別會有顯而易見的效果，特長是應用範圍很廣，各種職業和業種都能使用。即使如此，實際用過的人應該不多吧？那真的太浪費了！讓我根據事例，更詳細地解說吧。

房屋仲介公司的業務員 A 進公司已經兩年了。在開始工作時，他還抱著「我一定要成為頂尖業務員！」的志向，卻怎麼也無法達成「1 個月簽 1 紙買賣合約」的業績，非常煩惱。

主管和前輩告訴他：「做什麼都要經驗，所以你也不要想太多，先行動再說。」於是他也努力加班到深夜，但是距離持續達成「每月 1 筆」的數字非常遙遠的狀態仍持續著。這是看業績給薪水的工作，就像有一群自營業者集結的公司，所以也沒有主管和前輩手把手指導的機會。經驗很少的 A 該怎麼做，才能靠自己達成每個月的業績呢？

過程分析的解決方法

（步驟一）將過程分類，計算良率

A 該先做的，就跟我在第一章的重點三介紹的一樣，「將簽約前的業務流程依照每個過程分類」。這個時候也是「起點＝第一次與客戶接觸時」。對方透過電子郵件或洽詢表詢問網站或廣告傳單上的房子相關事項，或是透過熟人介紹來店、參加完工房子的觀摩會等，就是起點，而「終點＝簽約」。確定起點和終點後，就中間分成幾個過程。如果以 A 的工作來說，大概可以分成以下 5 個過程。

1.第一次接觸、洽詢

2.介紹房子、看房子

3.申請購屋

4.貸款審核

5.簽約

　　其次是計算每個過程的數字。以這個例子來說，就是這一個月「1.第一次接觸、洽詢」的客戶有幾個人，其中有幾個人進展到「2.介紹房子、看房子」在這之中又有幾個人進展到「3.申請購屋」……像這樣分別計算 5 個過程的良率。為求謹慎，我在這裡說明一下。「良率」原本是製造業在品質管理上使用的術語，意思是「某個品項的生產量與其中含有的良品量的比率」。良率越高故障品越少，良率越低故障品越多。

　　如果把這個良率用在白領階層的工作上，就是「在一定業務量之中成功的業務比率」。換句話說，良率越高就代表工作越順利，良率越低就代表工作越不順利。A 實際記錄數字一個月後，結果如下：

1.第一次接觸、洽詢…………50 筆

2.介紹房子、看房子…………25 筆

3.申請購屋……………………1 筆

4.貸款審核……………………1 筆

5. 簽約 ⋯⋯⋯⋯⋯⋯⋯⋯⋯⋯⋯⋯ 0 筆

步驟二 　從良率找出「問題所在」

　　這個月在朋友介紹下，有一位客戶非常積極想買透天厝，所以 A 希望能盡力簽下這紙合約。然而，到了過程的終盤，金融機關的貸款審核沒通過，結果這個月的簽約數還是以 0 告終。不過，只要看了每個過程的數字和圖表，就會知道簽不到合約的真正原因並不是在貸款審核的階段。

　　所有過程當中，良率大幅降低的是「1→2」，因此良率僅有 50％。「2→3」的良率確實也降低了，但是這裡如果以「透天厝仲介」的業務內容來考量，並不是太過極端的數字。買自己的房子是人生中十分貴重的購物之一，所以和出租房子的仲介不同，看了房子之後馬上申請購屋的人當然很少。A 在進行過程分析之前，應該也會覺得「2→3」的良率很低。

　　在第一階段接觸的都是看了廣告、朋友或熟人介紹之後主動來的客戶。不是 A 強迫推銷，而是這些人本來就有想購屋的需求，然而進展到第二階段的卻只剩下半數，再怎麼說都太少了。換言之，這就是 A 的工作「問題所在」，是應該要最先解決的問題。當然「2→3」很低也是課題，不過在改善的優先順序中，「1→2」較為優先。

圖 2-1 分別計算每個過程的數字之後

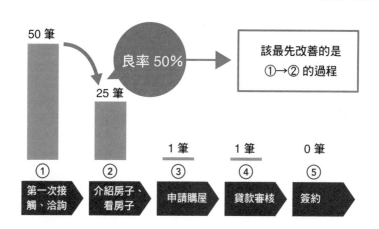

步驟三) 提出解決方法的假說，設定中間目標

　　如果是我的話，就會馬上思考提升「1→2」良率的解決辦法，付諸執行。為此，該做的事情很單純——那就是從第一次接觸到下一次見面之間，不要空太長的時間。洽詢房子是「想買房子」的心情最強烈的時候。可是隨著時間過去，人們會冷靜下來，甚至有人會開始重新考量買房子這件事。

　　除此之外，在思考購屋的時候，幾乎沒有人會只看一間房子。一般都會看好幾間房子，比較考量，因此同時洽詢其他房屋仲介公司的可能性應該很高。所以，如果步調太悠哉，客戶馬上就會被競爭對手搶走。一旦錯過了時機，不管 A 再怎麼拚

命地打電話，結果還是再也沒辦法聯絡到客戶。

於是，A 設定了下面兩個目標：

1、不管是來信洽詢的客戶，還是透過來店知道聯絡方式
　　的客戶，都一定要在當天寫電子郵件或打電話與對方
　　聯絡。

2、第一次接觸後，要在 1 星期內約下一次時間，帶對方
　　看房子。

同時，A 把第一個目標數值達成率設定為 100％，第二目
標達成率設定為 50％，記錄達成度。這就是「中間目標」，會成
為 A 的工作「KPI」（Key Performance Indicator／關鍵績效指
標）。KPI 是經營管理使用的指標，因為具有檢測「達成目標
的過程是否適當執行」的功用，希望各位務必要在個人工作上
設定。當然，A 也努力儘快聯絡第一次接觸的客戶，不過因為
太忙的關係，還是有不少顧客的聯絡延後了。把「儘快」這個
模糊的標準數值化，「自己該做的事」就會變明確。

（步驟四） 執行假說，用數字檢核結果

要求自己達成這個行動目標，並持續工作 1 個月後，
「1→2」的良率從 50％提升至 70％，改善了 20％。結果，即

使在起點接觸的還是跟之前一樣的 50 筆，進展到接下來的看房子的數量就變成 35 筆，實數也增加了 10 筆。

　　不僅如此，A 還將「1.第一次接觸、洽詢」的媒介分類計算。分成「經由網站洽詢」、「經由電子郵件洽詢」、「來電洽詢」、「來店洽詢」、「參加觀摩會」等，個別計算人數後，A 知道「要優先處理良率高的『參加觀摩會』的客戶」，連這樣的順序都變明確了。如此改善「1→2」的良率後，A 便接著著手改善「2→3」。

　　雖然我在前面提到這裡的良率會低也是莫可奈何的，不過那是以跟其他過程比較為前提。即使是克服難度很高的過程，「25 筆下降到 1 筆」還是有很大的改善空間。

　　這個時候，A 想起某位業務前輩的話。「在跟客戶商談的時候，我都會提早將合作建商的設計師帶去。」房屋仲介的業務人員賣的不只有蓋好的現成住宅，也會賣土地和中古住宅。可是，如果是先買土地再從頭開始設計、蓋房子，或是大幅改裝中古住宅，外行人都很難想像完成的模樣。因此，倘若不是非常棒的房子，客戶大多會覺得「還是再看看好了」。

　　相對的，如果有專業設計師隨便畫張設計圖，從旁說：「這塊土地可以蓋成這種格局的建築喔。」客戶就能具體想像自己住進這間房子時的感覺，購買慾望也會猛然提高。對於建商來說，這樣也能讓看房子的客戶成為自己的客戶，所以應該不會說：「要我們畫設計圖的話，就得付手續費。」

　　因此，業務前輩才會找來設計師同席，跟客戶一起開會，儘早提案：「這邊的土地大概可以進行這樣的規劃，這是粗略的草案。」於是，A 也實踐了相同的戰略。意思就是說，在「2→3」之間追加「設計師提出計畫」的過程。接著，A 將成功提案計畫的目標客戶人數設定為「1 星期 1 人，1 個月 4 人」，並開始計算數字，做記錄。一開始的時候，拒絕的客戶還是很多，不過在 A 多說一句：「就算您決定買這間房子，也不見得一定要委託這家建商，請放心。這只是計畫，是免費的服務。」之後就達成 1 星期 1 人的目標了。「2→3」的良率也跟著升高，進展到申請購買的比率也順利提升。

　　「申請購屋→貸款審核」幾乎完全是自動進展的，所以良率是 100%。不過，其中也會有人無法通過貸款審核。都進展到這個地步了，到了最後一步卻無法成功簽約，真的是很可惜的事。於是，A 便在「2.介紹房子、看房子」後面加了「諮詢資金計畫」的新過程。只要在較早的階段問出對方的資金狀況，就能評估貸款審核會不會通過，而且也不會介紹價格不符合客戶資產狀況的房子。這麼一來，最後的「4→5」的良率應該會確實接近 100%。

只要設定「中間目標」，還能提升動力

　　像這樣持續進行「分成幾個過程，並在每個過程計算、記錄，擬定假說後執行，再用數字檢核」的循環，A 一定能達成「每個月簽 1 紙合約」的業績。為什麼利用過程分析能得到這麼確實的結果？這是因為設定了「中間目標」的關係。將每天的行動目標換成具體的數字，就很清楚「今天的自己有沒有做好該做的事」。

　　如果是「要盡快和顧客聯絡」，即使實際上是在第一次接觸後的 3 天後或 7 天後才聯絡，只要自己覺得「我已經盡快聯絡了」，那就到此為止了。

　　可是，倘若用數值決定「要讓當天聯絡的比率是 100％」，今天的自己有沒有達成目標就一目瞭然了。正因為如此，才會產生「我要好好努力，聯絡今天見到的所有客戶」的動力，而不是「剩下的電子郵件之後再處理吧」。

　　另外，**設定該達成的中間目標可以使工作遊戲化，每天都能體會成就感**，因此可以一直保持積極的心情工作。如果不設定中間目標，只有最終目標的話，又會怎麼樣呢？

　　以 A 的案例來說，最終目標是「每個月簽一紙合約」，不過要到接近月底的時候，才會看出能不能達成。在這之前，A 連自己距離目標達成有多遠都不曉得，很難有「我得更努力才

行」的危機意識或覺得緊張，因此很容易用「我今天沒辦法打
電話給客戶，不過明天再聯絡就好了」來延後工作。

在重複這樣的行為之間，月底近了，就算 A 終於察覺「這
個月可能也無法達成目標……」也已無力回天。另一方面，A
的腦中又會一直打轉著「這個月能不能達成業績」的模糊不
安。明明感覺到模糊的不安，卻沒有努力做好眼前工作的動力。
這就是沒有設定中間目標的人的日常生活。

由此可知，因為無法達成每個月的業績或每季度的目標等
「最終目標」而煩惱的人，不能不設定適合每天的行動中間目
標。這個時候，對於能靠自己管理的行動來說，用數字決定目
標是很重要的。

「為了增加申請購屋的人數，要精通業務話術」算不上中
間目標。沒有明確的標準能判斷怎樣才算精通，而且精通的程
度本來也不是能靠自己控制的。

相對的，「在當天聯絡洽詢的客戶」、「為了收集重要的客
戶資訊，每次面談至少要問家庭成員、自己的資金等 3 個相關
問題」等行動，就能靠自己管理。

舉例來說，如果將前者的中間目標設為「100%」，只要打
電話或用電子郵件聯絡當天見面的所有人即可，即使是今天第
一天進公司的新員工，也能靠自己的意識執行。

對「能靠自己管理的行動」設定數值目標

最初設定中間目標的時候，就算只是暫定目標也無妨。A 設定的目標是「要在 1 星期以內跟 50％的客戶約好下次面談」，不過就算這麼做，良率也有可能不會改善，亦無法達成「每月 1 筆」的最終目標。

這個時候，只要自行修正中間目標本身即可，例如改成「要在 1 星期以內跟 80％的客戶約好下次面談」。同樣的，如果帶著設計師一起商談的客戶人數「1 個月 4 人」仍無法達成最終目標，只要試著將 1 個月的目標增加為 6 人或 8 人就行了。像這樣一邊調整中間目標，一邊檢核良率的變化、最終目標的達成度，或是擬定假說執行改善方針──只要重複這個循環，一定能解決問題。

就算無法馬上達成最終目標，比起一邊抱著「自己是不是不適合這份工作」的迷惘或煩惱一邊工作，或是一股腦兒地試圖利用耐性和長時間勞動來克服，應該會成為更有建設性、更有意義的努力。

這次我舉的是業務的事例，不過這其實可以運用在所有的工作上。輸入數據的筆數、建立資料的張數、與相關人員溝通的時間或次數等，任何工作的過程都可以數值化。將過程分析用在你的工作上吧！

2 散布圖及簡單迴歸分析

孫正義最重視的手法，解決所有因果關係

只要是從事商業活動的人，應該都曾體驗過「要是能清楚知道這兩個要素的因果關係就好了」這種令人著急的感覺。「如果能用數字表達『只要刊出這個廣告，營業額就會升高這麼多』的關係，就能說服主管增加廣告費了……」

「我知道店鋪前的通行量和營業額的關係，但是這只不過是經驗值。要是能知道『通行量增加多少人，營業額就會提升多少』，就能更詳細地了解店鋪的租金可以出到多少……」就像這樣，在很多情況下，只要因果關係明確，就能擬定精準度更高的計畫，或是讓上面的人允許提案通過。

這種時候，能派上用場的就是「迴歸分析」。這是用一次方程式（y=ax+b）表示多個變數間關係的分析手法。聽起來好像很難，不過大家這樣想就好──總之就是「預測多數事物如何互相影響的方法」。

迴歸分析可說是孫總裁最重視的分析手法。尤其是加入ADSL 事業之後，他不容分說地對軟銀的所有幹部下達「徹底執行多變量解析」的指示。請各位把本書介紹的簡單迴歸分析及複迴歸分析想成多變量解析的一種。多變量解析也有各式各樣的手法，不過我想一般商務人士只要先學會這兩種就夠了。

　　迴歸分析本身是非常簡單的統計手法。我舉一個比較好懂的例子──「冰淇淋的銷售數量和氣溫」的因果關係。只要氣溫升高，人們就會想吃冰涼的冰淇淋，冰淇淋的營業額也會升高，這是理所當然的。那麼在氣溫升高 1 度的時候，冰淇淋的銷售數量會增加多少呢？

　　用迴歸分析的「y=ax+b」來看的話，就是「冰淇淋的銷售額＝y」，「氣溫＝x」。以算式表示，就能算出答案。而答案就會直接成為「預測值」。若是冰淇淋，把氣溫帶進「y=ax+b」，即可算出營業額的預測值。

　　另外，想預測的變數叫做「反應變數」，對反應變數帶來影響的變數則叫做「解釋變數」。以冰淇淋的例子來說，「冰淇淋的銷售額＝y」是反應變數，「氣溫＝x」則是解釋變數。解釋變數不見得只有一個。

　　若是冰淇淋的銷售額，不只有氣溫，我們還能想到價錢、分量、口味、店門口的通行量等解釋變數。**解釋變數只有一個的話，就叫做「簡單迴歸分析」，有兩個以上則叫做「複迴歸分析」**。

　　另一方面，「散布圖」是用點畫出兩個數據的關係性。只要製作散布圖，例如冰淇淋的「銷售額」和「氣溫」之間有什麼樣的關係，就能一目瞭然。依照我接下來的解說操作 Excel，即可畫出散布圖，所以各位不用擔心。

事例

　　在某家保險公司，B 被指派負責來店型銷售商店的開店計畫，為了製作事業計畫書而絞盡腦汁。B 本身也有長年待在業務前線的經驗，所以知道店鋪前的行人越多，成功簽約的數量也越多這個經驗法則。

　　實際調查了幾家店的通行量後，確實一天通行量很多的店鋪，成功簽約的數量也越多。不過，這是理所當然的事。

　　如果要將這個現象放進事業計畫書中，必須有更具體、更有說服力的數字，例如「只要在 1 天通行量 300 人的地方開店，1 個月估計就能成功簽下 40 筆左右的合約」、「1 天通行量每增加 100 人，1 個月成功簽約的數量估計會增加 10 筆左右」。要如何製作公司高層也會採納的計畫書呢？

簡單迴歸分析的解決方法

（步驟一）用 Excel 畫出簡單迴歸分析的直線

　　B 的問題可以用簡單迴歸分析立即解決。使用的工具只有大家都很熟悉的 Excel 而已（註：本書說明的是「Excel 2010」的操作方法。每個版本的 Excel 操作方法都會有所不同）。

　　先依照圖 2-2 步驟❶，將基本數據輸入 Excel。這個時

候，「反應變數＝1 個月成功簽約數」、「解釋變數＝1 天平均通行量」。

　　將數據部分設定為指定範圍，再點選「插入」→「圖表」中的「散布圖」→「散布圖（只帶有資料標記）」（圖 2-2 步驟❷），顯示一天通行量及一個月成功簽約數量的散布圖馬上就完成了（圖 2-2 步驟❸）。

　　接著再選擇「圖表工具」的「版面配置」中的「趨勢線」之後，點選「線性趨勢線」（圖 2-2 步驟❹）。這麼一來，Excel 就會畫出顯示「一天通行量」和「一個月成功簽約數」關係的簡單迴歸分析直線了（圖 2-2 步驟❺）。

　　這條直線就是「趨勢線」。大概看一下，如果這條直線朝著右上方升高，就代表反應變數和解釋變數成正比。意思就是證明了「店門口通道的一天通行量增加，一個月成功簽約數也會跟著增加」的因果關係。

　　相反的，如果是朝著右下方下降的直線，就表示成反比，證明了「店門口通道的 1 天通行量增加，1 個月成功簽約數就會減少」的因果關係（不過在現實中並不可能成反比）。

　　這個案例中是朝著右上方升高，因此可以得知「兩個要因成正比」。

孫正義解決問題的
數值化思考法

圖 2-2 簡單迴歸分析　製作散布圖

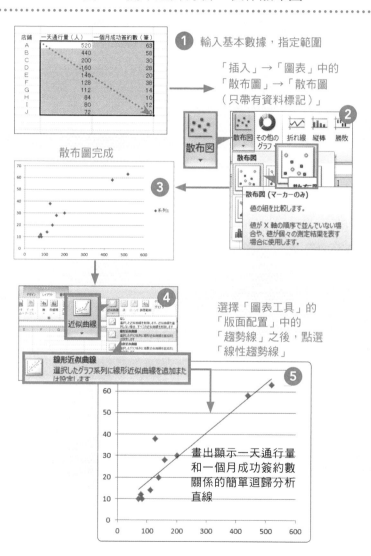

① 輸入基本數據，指定範圍

「插入」→「圖表」中的
「散布圖」→「散布圖
（只帶有資料標記）」

②

散布圖完成

③

散布圖（マーカーのみ）
値の組を比較します。
値が X 軸の順序で並んでいない場合や、値が個々の測定結果を表す場合に使用します。

④

近似曲線

線形近似曲線
選択したグラフ系列に線形近似曲線を追加または設定します

選擇「圖表工具」的
「版面配置」中的
「趨勢線」之後，點選
「線性趨勢線」

⑤

畫出顯示一天通行量
和一個月成功簽約數
關係的簡單迴歸分析
直線

步驟二　**確認「趨勢線」是否正確**

　　各位實際操作了就知道，Excel 的作業非常簡單。只不過，之後有一項必定要做的重要事項。那就是確認趨勢線有多符合現實。如果光是操作 Excel，即使發現反應變數和解釋變數幾乎毫無關係，系統也會畫出一條線。因此，各位一定要確認迴歸分析畫出的線有多正確地顯示現實情況。話雖如此，這個作業也能利用 Excel 輕鬆完成。

　　請各位用滑鼠雙點擊剛才畫的趨勢線。結果會跳出格式設定的畫面，請勾選「趨勢線選項」中最下方的「圖表上顯示公式」及「圖表上顯示 R 平方值」（圖 2-3 步驟❻）。

　　接著點選「關閉」，就會像圖 2-3 步驟❼一般在圖表上顯示「y＝0.1159x+5.8633」的算式及「R^2=0.8788」。後者稱為「R 平方值」，是顯示簡單迴歸式的「y＝0.1159x+5.8633」有多準確的數值，這叫做「決定係數」。

　　聽到這裡，各位也會覺得這很難，不過只要想成「**決定係數越接近一，就越接近實際的分布**」即可。大致上來說，只要超過 0.5，精確度就很高，可視為符合現實情況。

　　此外，以這家賣保險的店來說，決定係數約為 0.88，因此結論就是這個算式相當準確地顯示「1 個月成功簽約數」和「1 天通行量」的因果關係。

圖 2-3 簡單迴歸分析　製作散布圖

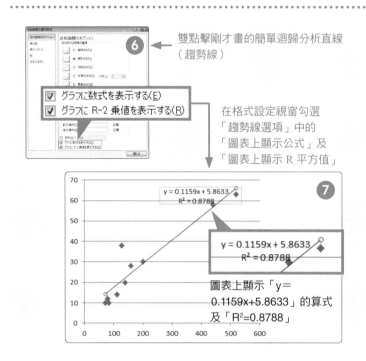

雙點擊剛才畫的簡單迴歸分析直線
（趨勢線）

在格式設定視窗勾選
「趨勢線選項」中的
「圖表上顯示公式」及
「圖表上顯示 R 平方值」

$y = 0.1159x + 5.8633$
$R^2 = 0.8788$

圖表上顯示「y＝
0.1159x+5.8633」的算式
及「R^2=0.8788」

步驟三　算出預測值，決定下一步該採取的行動

　　知道兩個要素的因果關係後，就能看見接下來該採取的行動了。我們已經曉得顯示「1 個月成功簽約數」和「1 天通行量」關係的算式，所以只要了解實際的通行量，就能算出 1 個月成功簽約數的預測值。

很多不動產業者都會有通行量的數據，因此按照適當的手續，要獲得這些數據並不難。如果一天通行量是 300 人，1 個月成功簽約數的預測值就是「0.1159×300 + 5.8633≒41（人）」。接著只要考量這個店面的租金、這個地區的平均打工時薪，就能判斷該不該在這個地方開店了。

當然，在現實生活中還會有除了通行量以外的各種要素。即使如此，比起靠「通行量越多的地方，成功簽約數也越多」這個單純的經驗法則來決定開店地點，還是能做出更正確的預測。在高層人員要求你說明「為什麼要在這個地方開店」的時候，你應該也能做出有說服力的簡報。

此外，雖然這個案例得到的決定係數很接近 1，但實際情況還是很有可能低於 0.5。不過，各位不用喪氣地覺得「預測不準」。這證明了「這兩個要素的關係性很低」這個事實，所以只要再將別的要素假定為解釋變數，取得數據再次分析即可。像這樣不斷重複，一定可以找出決定係數高的要因。

只要進行迴歸分析，就會顯現優先順序

在下一節，我會介紹解釋變數有兩個以上的「複迴歸分析」手法，在此之前先試著實踐輕鬆的簡單迴歸分析，就比較容易掌握竅門了。若是法人業務人員，我建議帶入「打電話次

數」、「拜訪次數」、「拜訪客戶時的停留時間」等各式各樣的
變數進行分析。「聽客戶說話的負責人員職位」這種質方面的
東西，也能數值化。舉例來說，只要設定「一般員工是『1』、
主任、組長等級是『2』、課長等級是『3』」，這樣也能利用迴
歸分析算出與營業額的因果關係。

　　像這樣試著迴歸分析所有的要素後，就會了解「決定係數越
高，對營業的影響就越大」，優先順序自然也會明確化。該增加
打電話的次數？該增加拜訪的次數？該延長拜訪客戶時的停留
時間？還是該提升與客戶說話的負責人員職位？在各式各樣的
選項當中，「該從何著手」就顯而易見了。

　　只要知道這一點，就能傾力於提升該選項的解釋變數。接
下來該採取行動浮上檯面，這才是「數值化工作術」的目的。
依照剛才的步驟實際操作後，各位就能知道：簡單迴歸分析手法
非常簡單。正因為如此，不用在每天的工作上真的是很糟蹋。試
著用在你的工作上，應該會看見意想不到的要素的因果關係，
並且很有可能可以解決問題。

3 複迴歸分析
算出各要素的因果關係

我在前一節已經介紹過「簡單迴歸分析」了，不過在實際商務上，不管是營業額還是利潤，相關的要素不見得只有一個。大多時候都會有多個要素相關，決定最終的營業額或利潤。在這種時候，「複迴歸分析」就能有效算出各個要素的因果關係。實際上，軟銀在努力獲得「Yahoo! BB」的新客戶時，就徹底進行了複迴歸分析。

「營業額會因為與車站之間的距離產生多少差距？」

「晴天、陰天、雨天的銷路有多少差距？」

「平日和假日有多少差距？」

「增加 1 名打工人員後，銷路會成長多少？」

「打工人員的熟練度（經驗月數）和銷路有多少關係？」

就像這樣，將「所有的要素對獲得新客戶帶來什麼樣的影響」數值化，進行分析。和簡單迴歸分析一樣，**複迴歸分析的好處就是能根據算式計算預測值**，因此比較好擬定「接下來該做什麼」的計畫。

在推出獲得「Yahoo! BB」新客戶的促銷活動時，我們也

一樣活用了複迴歸分析。為了獲得目標客戶人數，必須在哪裡
放幾支遮陽傘？或是必須僱用多少打工人員發送數據機？計算
出這些數字，思考「接下來該做什麼」，就能在效果更高的地
點或時間擺出遮陽傘，或投入更多打工人員等來應對。

　　如果用複迴歸分析的預測值和實測值之間有很大的差距，
就能提早發現問題：「是不是有我們還沒發覺的要素影響著營
業額？」這也是複迴歸分析的好處之一。「Yahoo! BB」能一口
氣獲得 500 萬名之多的客戶，就是拜複迴歸分析所賜——這麼
說絕對不過分。為了用更簡明易懂的方式解說複迴歸分析，我
舉的例子不是商務，而是與各位的生活密切相關的事例。

事例

　　上班族 C 趁著結婚生子的機會，想在東京郊外的某市購
買中古大樓。於是，他便從前陣子開始找房子，結果妻子突然
喜歡上某家不動產公司介紹的房子，說：「這間相當不錯呀。
我們就買這間嘛。」

　　只不過，C 很在意這間房子的價格是比一般行情高還是
低。所以他就在網路上的不動產介紹網站，調查了這間房子附
近的車站周邊的其他大樓價格，可是大樓的價格與坪數、屋
齡、距離車站多遠等各式各樣的要因有關，就算東看西看，C
還是不知道這間房子到底是貴還是便宜。

　　有沒有方法能了解這間房子的價格是比行情高還是低呢？

複迴歸分析的解決方法

(步驟〇) 使用「Excel 2010」的人必須先執行增益集

只要利用複迴歸分析，就可以分析「某個地區的中古大樓價格是根據是什麼要因決定的」。只不過，如果你用的是「Excel 2010」，就必須先做好事前準備——執行增益集。依序點選「檔案」→「選項」→「增益集」（圖 2-4 ❶）。

點選位於下方的「執行」，就會跳出視窗，請勾選其中的「分析工具箱」，再點「確定」（圖 2-4 ❷）。點選「資料」後，右邊就會顯示剛才還沒有的「資料分析」（圖 2-4 ❸）。這樣事前準備就完成了。

(步驟一) 將數據輸入 Excel

接著就像簡單迴歸分析一般，將數據輸入 Excel（圖 2-5 ❹）。這是從「Yahoo! 不動產」取得的實際位於某市的房屋數據。因為不能把大樓的名稱打出來，所以就用 A、B、C、D……K 代替。在這個案例中，反應變數就是「價格」。

解釋變數則是「房屋樓層」、「專有部分面積（m^2）」、「屋齡」、「搭乘公車到最近電車站的時間（分鐘）」、「走路到最近電車站的時間（分鐘）」。輸入數據時，要注意「反應變數、解釋變數橫向排列，以縱向輸入各數據數值」。

圖 2-4 複迴歸分析　事前準備

1 依序點選「檔案」→「選項」→「增益集」

2 點選位於下方的「執行」，就會跳出視窗，請勾選其中的「分析工具箱」，再點「確定」

3 點選「資料」後，右邊就會顯示剛才還沒有的「資料分析」

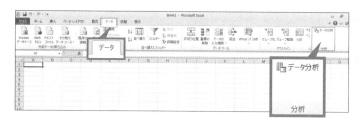

．．．．．．．．．．．．．．．．．．．．．．．．．．．．．．．．．．．．．．．

圖 2-5 複迴歸分析　輸入數據

．．．．．．．．．．．．．．．．．．．．．．．．．．．．．．．．．．．．．．．

4 將數據輸入 Excel

反應變數、解釋變數橫向排列

各數據縱向排列

房屋名稱	價格	樓層	專有部分面積	屋齡	公車（分鐘數）	走路到電車站（分鐘數）
A	1780	1	70.74	29	0	12
B	1950	4	94.47	29	0	12
C	1950	5	94.47	29	0	12
D	2190	3	85.03	8	4	
E	2280	8	75.32	7	4	
F	2550	3	79.27	9	0	
G	2190	3	85.03	8	5	
H	1100	5	51.44	23	11	1
I	1290	3	70.47	25	0	25
J	2180	2	75.32	8	0	26
K	1130	3	62.27	37	0	16

在最上面一行輸入標籤

接著在最上面那行輸入「房屋名稱」、「價格」、「樓層」、「專有部分面積」、「屋齡」、「公車（分鐘）」、「走路到電車站（分鐘）」等標籤。輸入到這裡之後，就點選剛才提過的「資料工具箱」（圖 2-6**5**）。這麼一來，就會跳出圖 2-6**6** 的視窗，請選擇其中的「迴歸」，再點「確定」。

步驟二 ）算出各項目的關係

出現圖 2-6**7** 的畫面後，就指定分析範圍。「輸入 Y 範圍」是指定反應變數的項目。在這個案例中是「價格」，所以要指定包含標籤在內的所有價格範圍。

「輸入 X 範圍」是指定解釋變數的項目。這裡要指定從

「樓層」到「走路到電車站」的所有標籤及數據的範圍。接著，一定要勾選「標記」，並選擇「新工作表」。然後點選「確定」，就會出現圖 2-7 ❽。突然出現這麼多艱深的術語和莫名其妙的數字，各位可能會嚇一跳，不過請別擔心。

　　該看的是最下方表內的「係數」那一列。光看數字，各位或許會覺得很複雜，但這裡顯示的就是「左邊的解釋變數如何影響各個價格」。以這個案例來說，就可以看出下列這些情況：

「樓層每往上 1 層，價格就會增加約 3 萬日圓」。
「住宅面積每增加 1 平方公尺，價格就增加約 8 萬日圓」。
「屋齡每增加 1 年，價格就會減少約 36 萬日圓」。
「搭車時間每增加 1 分鐘，價格就會減少約 95 萬日圓」。
「步行至車站的時間每增加 1 分鐘，價格就會減少約 24 萬日圓」。

　　因此，我們可以從這個分析結果得知「在決定大樓的價格時，樓層和住宅面積的影響比較小，屋齡和距離最近電車站的時間影響較大」。將圖 2-7 ❽ 的結果寫成算式，就會像下面這樣（小數點後二位以下無條件捨去）。價格＝2436.71（截距）萬日圓＋（3.09×樓層）萬日圓＋（8.07×住宅面積）萬日圓＋（-35.84×屋齡）萬日圓＋（-94.64×搭車時間）萬日圓＋

圖 2-6 複迴歸分析　指定分析範圍

❺ 選擇「資料」→「資料分析」

❻ 選擇「迴歸」，點「確定」

❼ 指定「輸入 Y 範圍」和「輸入 X 範圍」，勾選「標記」
→選擇「新工作表」。

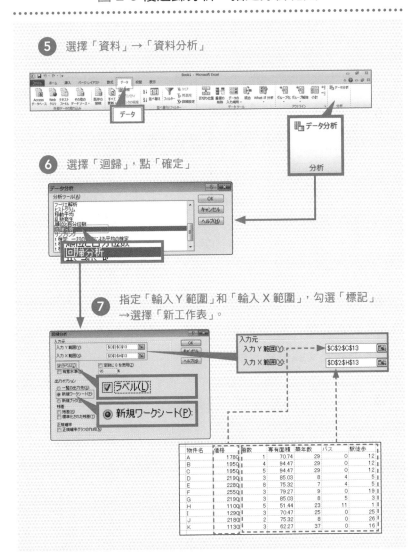

....

圖 2-7 複迴歸分析　確認各項目的關係

....

8 確認分析結果

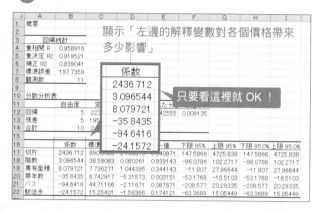

（-24.15×步行至車站分鐘）萬日圓。另外，這張表的「截距」是一次函數的圖表和 Y 軸相交的點，也就是「y＝ax＋b」的 b 數字，不需要理解更深的意義。

步驟三　檢核算出數值的「符合度」

各位可以在這裡結束分析，如果有餘力的話，就跟簡單回歸分析一樣，確認一下這些數值有多符合現實狀況吧。

首先，請各位看圖 2-8 **9** 的「P-值」。這是顯示「危險度」的數值，這個數字越大，就表示含有讓算式不穩定的要素。

　　於是，我們要將「P-值」高的解釋變數刪除，重新製作基本數據（圖 2-8 ❿），並且再次用同樣的步驟進行複迴歸分析。

　　接著再檢核用剩下來的解釋變數計算出的算式「有多符合現實狀況」。做簡單迴歸分析時，我們檢核了「R 平方值」，複迴歸分析則要計算「Ru 值」，進行檢核。只不過，不同於「R 平方值」，Excel 不會自動計算 Ru 值。Ru 值的算式如下。算式本身有點複雜，不過只要直接輸入，Excel 就會自動計算，所以輸入一次即可，不至於太難。

Ru=1-(1-R^2)×(n+k+1)／(n-k-1)

「R^2」、「n」、「k」的數值意義及位置如下（參閱圖 2-9 ⓫）。

・「R^2」：複迴歸分析的複相關係數的平方→最上面的迴歸統計處的「複相關係數 R」數值的平方

・「n」：數據個數→同樣於迴歸統計處的「觀察值」個數

・「k」：解釋變數的個數→中段的 ANOVA 表處的「迴歸」、「自由度」數值。

　　只要將這些數字輸入 Excel，就能輕鬆算出 Ru 值。舉例來說，鎖定「屋齡」、「公車分鐘」、「走路到電車站分鐘」時，Ru 值就是「0.7883」（圖 2-9 ⓫）。除此之外，再計算各種解釋變數的組合後，結果顯示 Ru 值最高的就是一開始計算的「屋齡」、「搭車時間」、「步行至車站時間」的組合。

　　這個 Ru 值也可說是「越大就越符合現實狀況的正確數值」。因此，以某市的中古大樓的價格來說，組合「屋齡」、「搭車時間」、「步行至車站時間」等 3 個數字的算式，就是最符合現實狀況的。

圖 2-8　複迴歸分析　找出最佳「解釋變數的組合」

···

圖 2-9 複迴歸分析　算出 Ru 值

···

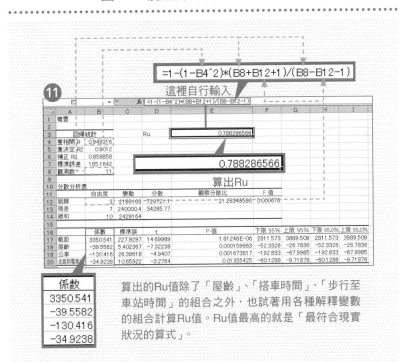

=1-(1-B4^2)*(B8+B12+1)/(B8-B12-1)

這裡自行輸入

⓫

算出的Ru值除了「屋齡」、「搭車時間」、「步行至
車站時間」的組合之外，也試著用各種解釋變數
的組合計算Ru值。Ru值最高的就是「最符合現實
狀況的算式」。

步驟四 　**利用複迴歸分析的算式確認房子的價格是否適當**

　　知道「最佳解釋變數組合的算式」後，總於要來檢核看上
的房子價格「以行情來看是否適當」了。舉例來說，假設 C 認
為「房子 C 好像很不錯」。這個時候，可以根據圖 2-9 ⓫ 的「係
數」處的數值，用下列的算式檢核房子 C 的售價是否適當（小

數點以下四捨五入）。

　　「價格＝3350（截距）萬日圓＋（-40×屋齡）萬日圓＋（-130×搭車分鐘）萬日圓＋（-35×走路分鐘）萬日圓」將房子 C 的實際屋齡、公車分鐘、走路分鐘帶進去計算，得到的數字是約 1,770 萬日圓。這就是利用複迴歸分析導出的房子 C 的適當價格。

　　可是，實際上這間房子的賣價卻是 1,950 萬日圓，所以我們可以判斷「房子 C 的價格高於行情」。除此之外，還可以做「要花 1,950 萬日圓買屋齡 29 年的房子 C，還不如再加 242 萬日圓買屋齡 8 年的房子 D 比較划算吧」等比較。

　　就像這樣，即使是好幾個要因複雜地糾纏在一起的數字，也能透過複迴歸分析做出更準確度更高的選擇及決斷。假設活用在商務上，例如開購物中心時的反應變數就是「營業額」，解釋變數則有「商圈人口」、「道路交通流量」、「附近居民所得」等，可以確認開店計畫的精確度。

　　或者把商品具備的多數功能當成解釋變數，也可以協助設定商品價格——也就是反應變數。「Yahoo! BB」的促銷活動也是因為利用了複迴歸分析，才能從遮陽傘的位置、打工人員的熟練度等變數預測高精確度的營業額。

　　和簡單迴歸分析比起來，複迴歸分析需要多花一些功夫，但是絕對不難，因此希望你也能在工作上活用複迴歸分析。

4 柏拉圖分析
找出「該優先解決的問題」

　　工作或商務做不出成果，就表示現場發生了某些問題。從經營層到現場的員工，應該都各自懷抱著「不解決問題就慘了」的危機感。然而，即使感覺到有問題，要正確掌握在現場發生的好幾個問題，然後在組織內部討論出「該優先解決哪個問題」的結論，並不是那麼容易的事。

　　有人主張「應該降低商品的價格設定」，有人主張「不對，更新商品的包裝比較好」，有人主張「應該重新考量銷售手法」，每個人都站在自己的立場發言，所以議論永遠都是平行線。而到了最後，主管便開口說：「以我的經驗來看，這種時候不要碰商品，應該要增加業務人員。」結果事情就在這一聲令下定案了——相信不管哪家公司都有這樣的情況吧？

　　一如我之前的指責，應該有許多商務人士很厭倦只有嗓門大、地位高或關係好的人的意見會被採納。如果意見適當也就算了，倘若只是無的放矢，無論過了多久問題都不會改善。不僅如此，還會在沒什麼效益的點上花費大量無謂的時間與勞力。在這種情況下，能明確顯示「該優先著手處理的問題」的就是「柏拉圖」。

圖 2-10 柏拉圖是什麼？

柏拉圖是指「依照從大到小的順序排列數值的直條圖」
＋「代表累積百分比的折線圖」

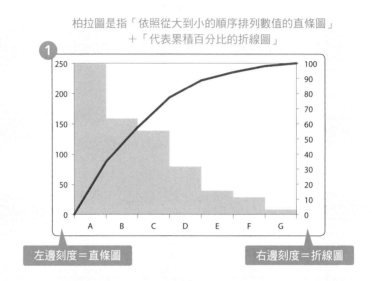

左邊刻度＝直條圖　　　　右邊刻度＝折線圖

　　柏拉圖是由「依照從大到小的順序排列多數項目數據值的直條圖」及「代表累積百分比的折線圖」所構成的雙軸圖表。百聞不如一見，請大家看圖 2-10 ❶。這就是柏拉圖的範本。只要製作這張圖表，就能依照原因將在現場發生的多數問題分類，立刻了解哪個問題占的比例比較大。

事例

　　D 工作的公司開始推出新的服務，結果用戶的客訴蜂擁而至。不只數量多，內容也五花八門，不曉得該從什麼地方開始改善，才能減少客訴。負責客服中心業務的 D 等員工們每天忙碌地處理大量的客訴，精神壓力極大。

　　即使對公司的高層要求「希望能想辦法改善」，也只得到「處理客訴是現場的工作，只要你們多加磨練處理技巧就夠了」的回覆，上面的人們不動如山。

　　可是，D 覺得他們實際收到的客訴內容之中，相當多都是有關商品品質，或是說申請手續及方法很難懂。如果原因是出自商品或手續相關事項，光靠客服中心提升處理技巧，也無法解決問題。該怎麼做才能說服上面的人，讓他們採取能減少客訴的適當改善方法呢？

柏拉圖分析的解決方法

步驟一　將客訴分類

　　碰到這種情況時，要讓上面的人採取行動，最有效的方法就是讓他們看柏拉圖，用具體的數字表達「這類客訴占的比例最高，所以請解決這個問題肇因。」為了製作柏拉圖，就要先

將客訴分類。就像第一章介紹的，我任職於軟銀的時代實際採用的方法，應該很容易實踐吧。

將所有客訴紀錄列印出來，大概分成 7 類。以 7 類為標準的原因，是因為超過 7 類的話，數字的管理就會變得很困難。目的是排出優先順序，所以分類標準抓個大概也無妨。即使一開始堆出好幾座紙山，只要照著「這個和這個都跟『商品品質』有關」、「這個和這個應該可以統一成『付款方法』吧」這樣整理下去，最後就能整理出大約 7 類。在這裡，我會把分成 7 類的客訴暫定為 A ～ G，解說柏拉圖的製作方法。

步驟二　利用 Excel 製作柏拉圖

打開 Excel，從多到少依序輸入 A ～ G 的客訴發生次數（圖 2-11 ❷）。其次是計算並輸入各種客訴在全體中占的百分比（比例）。客訴 A 是 35.2%，客訴 B 則是 22.5%。這個時候，請在「發生次數」和「百分比」之間空一行。接著在空的那行輸入「累積百分比」。客訴 A 還是 35.2%，客訴 B 要和客訴 A 合計，所以是 57.7%。其他的項目也一樣，繼續計算並輸入累積百分比。

輸入完之後，選擇「客訴種類」和「發生次數」、「累積百分比」部分的範圍（圖 2-11 ❸）。接著請點選「插入」→「直條圖」→「群組直條圖」（圖 2-11 ❹），就會出現圖 2-11 ❺ 的直條圖。藍色直條圖是發生次數，灰色直條圖顯示累積百分比。

圖 2-11 柏拉圖　將數據做成直條圖

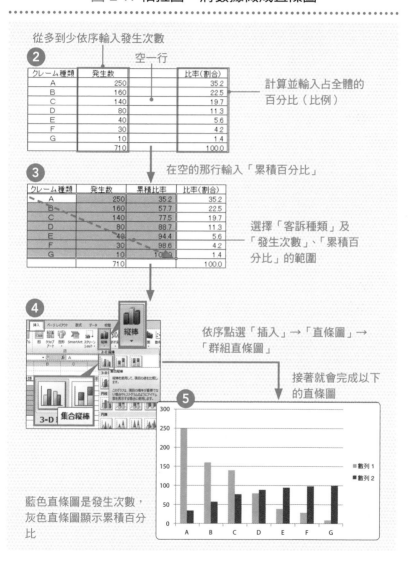

從多到少依序輸入發生次數

2　　　空一行

クレーム種類	発生数		比率(割合)
A	250		35.2
B	160		22.5
C	140		19.7
D	80		11.3
E	40		5.6
F	30		4.2
G	10		1.4
	710		100.0

計算並輸入占全體的
百分比（比例）

3　在空的那行輸入「累積百分比」

クレーム種類	発生数	累積比率	比率(割合)
A	250	35.2	35.2
B	160	57.7	22.5
C	140	77.5	19.7
D	80	88.7	11.3
E	40	94.4	5.6
F	30	98.6	4.2
G	10	100.0	1.4
	710		100.0

選擇「客訴種類」及
「發生次數」、「累積百
分比」的範圍

4

依序點選「插入」→「直條圖」→
「群組直條圖」

接著就會完成以下
的直條圖

5

藍色直條圖是發生次數，
灰色直條圖顯示累積百分
比

接下來要將累積百分比換成折線圖。點滑鼠左鍵選擇圖2-11 **5** 的累積百分比直條圖之後，再點右鍵顯示快捷視窗，選擇其中的「**變更數列圖表類型**」（圖 2-12 **6**）。再從跳出來的圖像中選擇「**折線圖**」，點選「**確定**」（圖 2-12 **7**）。

這麼一來，累積百分比就會從直條圖變成折線圖了（圖2-12 **8**）。右邊的「範例」很礙眼，就在這個階段刪除吧。不過到目前為止，圖表只有左邊有刻度。

圖 2-12 柏拉圖　將累積百分比的條狀圖換成折線圖

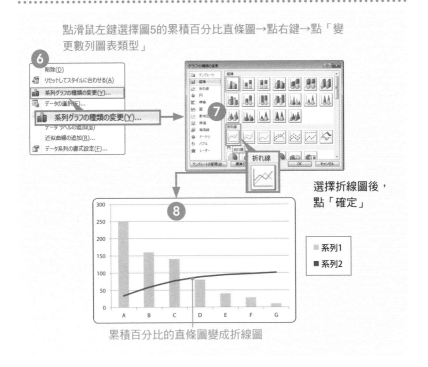

點滑鼠左鍵選擇圖5的累積百分比直條圖→點右鍵→點「變更數列圖表類型」

選擇折線圖後，點「確定」

累積百分比的直條圖變成折線圖

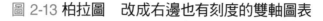

圖 2-13 柏拉圖　改成右邊也有刻度的雙軸圖表

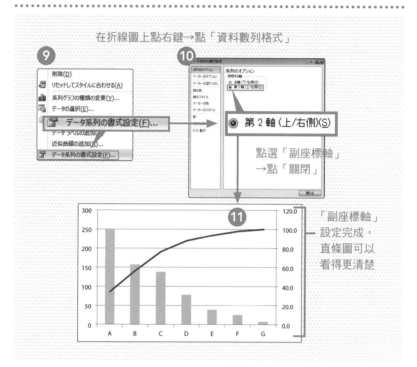

　　為了將這張圖表做成雙軸圖表，就要先在折線圖上點右鍵，從跳出來的快捷視窗點選「資料數列格式」（圖 2-13❾）。接著就會跳出圖 2-13❿ 的畫面，所以請選擇下方的「副座標軸」，再點選「關閉」，這樣右側就會顯示對應折線圖的座標軸了（圖 2-13⓫）。最後要消除直條圖的間隔。點滑鼠左鍵選擇直條圖，再點右鍵選擇「資料數列格式」（同圖 2-13❾）。

圖 2-14 柏拉圖　消除直條圖的間隔

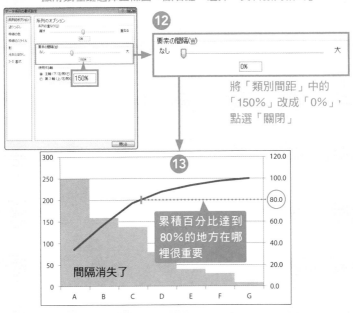

在這裡，將「150％」的「類別間距」改成「無（0％）」（圖 2-14 ⑫），圖表就會以直條圖連在一起的形式顯示（圖 2-14 ⑬）。操作到這裡，簡易版的柏拉圖就完成了。

原本的柏拉圖是圖 2-10，所以折線圖必須從 0 開始。另外還有累積百分比的最大值是 100％，刻度卻到 120％等圖 2-14 的簡易版柏拉圖比原本的柏拉圖不足的地方。不過，從「明確

顯示該優先處理的客訴」這個目的來看，簡易版就夠了。如果想要了解原版柏拉圖的製作方法，只要搜尋「柏拉圖　製作方法」，就會有好幾個說明淺顯易懂的網站，請各位參考這些網站。

步驟三 　**分析柏拉圖，排列優先順序**

　　接下來就讓我們利用完成的柏拉圖分析「該優先處理哪類型的客訴」吧。請各位回想一下之前介紹的「80／20 法則」，部分要素（20％）在全體中占有相當比例（80％）。以這個案例來看，只要確認哪類型的客訴占了整體的 80％，將之除去後，客訴數量就會大幅減少。請大家再看一次圖 2-14 ⑬。

　　在客訴 C 的右邊附近，折線圖和 80％的線相交。意思就是說，只要解決客訴 A、B、C 這 3 項，就能消除全體客訴的80％。因此，我們可以判斷應該先集中處理 ABC 這 3 種客訴，其他客訴之後再處理。

　　就算上層命令「先從客訴 D 開始處理」，只要出示這張柏拉圖，應該就能說服上層：「從這個現狀分析來看，應該先從ABC 開始處理。」看到這麼明確的數字，不管是地位多高的人，應該都很難反駁。

「TORAIZ」的事業戰略也活用了柏拉圖

就像這樣，柏拉圖是常用在分析客訴、故障、事故等的手法，只要花點功夫，就會有更多場合可以使用。舉例來說，我開始經營在 1 年期間完全精通英文的方案「TORAIZ」的事業，在擬定事業戰略的時候也用了柏拉圖。因為我想知道該優先傾力於服務、設施、費用方案等之中的哪個要素，才能獲得學生。

我用的基本數據是教育資訊網站「ReseMom」公開的「選擇英文會話學校（教室）的原因」問卷調查結果（圖 2-15 ⑭）。為了讓柏拉圖的分析更明確，其實最好是用單選的問卷，不過這個調查是複選。於是我便進行百分百的換算加權，將數據調整得更好懂。在 Excel 輸入問卷調查的基本數據數值，以及百分百換算的數值，算出累積百分比（圖 2-16 ⑮）。

把它做成柏拉圖之後，就會像圖 2-17 ⑯ 這樣。80％中包含了「地點佳」、「講師好」、「窗口應對很好」、「容易預約」、「教材充實」、「有理想的授課方案」。

另一方面，「學費很妥當」、「有品牌力」的項目卻意外地沒有包含在 80％以內。因此，即使價格較高，我還是以實現「地點佳、講師好、窗口應對很好、容易預約、教材充實、有理想的授課方案」的服務為最優先，擬定事業戰略。

TORAIZ 的教室在東京、六本木一丁目、新宿、赤坂、田町、大阪梅田等地，都是最棒的地點。今年秋天，我還會在銀

座、橫濱開新的教室。

　　授課方案會配合學生的目標（目的）個別編排，教材也是從全世界找出最適合的，提供給學生。此外，每位學生都有個人訓練師，採用由最適合該學生目標的本國講師當導師的系統。使用導師制，也可以指定時間，所以不會向窗口抱怨「約不到」的情形。靠著用柏拉圖分析找出該優先傾力的項目，TORAIZ 的事業急速擴大。要是沒有活用柏拉圖，TORAIZ 應該就不會有步調這麼快的進展了。

　　如果你也抱著許多問題，煩惱著「該從何開始著手」的話，我建議你先製作柏拉圖，一定能馬上找出答案的。

圖 2-15 柏拉圖的應用方法－TORAIZ 事例

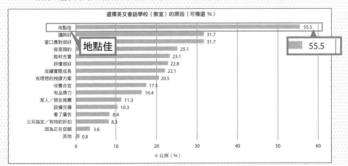

根據這個調查，選擇英文會話學校的原因如上，TORAIZ 就在事業開始時分析了這些項目。

孫正義解決問題的
數值化思考法

圖 2-16 柏拉圖的應用方法－TORAIZ 事例

⑮ 柏拉圖分析其實最好是用單選的問卷，不過這個調查則是複選，所以我進行 100%換算加權，用直覺將數據調整更好懂。

	基本數據	100%換算	100%換算的累積百分比
立地がよい	55.5	18.0	18.0
講師がよい	31.7	10.3	28.2
窓口対応がよい			
予約のとりやすさ			
教材が充実している			
評判がよい	55.5	18.0	18.0
実績がある	22.1	7.1	66.5
希望のレッスンプランがある	20.5	6.6	75.2
授業料がよい	17.5	5.7	80.9
ブランド力がある	16.4	5.3	86.2
家族/友人の勧め	11.3	3.7	89.8
設備が整っている	10.3	3.3	93.2
広告を見て	8.4	2.7	95.9
会社の指定/割引契約がある	8.3	2.7	98.6
キャンペーン中だから	3.6	1.2	99.7
その他	0.8	0.3	100.0
	309.1	100	
		3.091	

在 Excel 輸入問卷調查的基本數據數字，以及 1%換算的數值，再算出百分之百換算的累積百分比。

圖 2-17 柏拉圖的應用方法－TORAIZ 事例

⑯ 將圖 2-16 的數據做成柏拉圖分析，顯示出該優先的服務是什麼

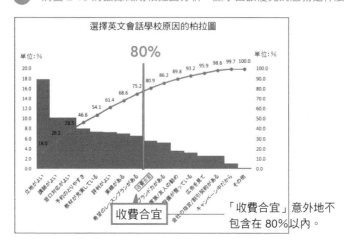

選擇英文會話學校原因的柏拉圖

「收費合宜」意外地不包含在 80%以內。

5 Ｔ字帳

管理「進」與「出」的數字

明明已經努力動手工作了，工作卻還是不斷累積。你是否也有這樣的煩惱呢？工作會累積，應該是因為某個地方有瓶頸。可是，如果處理的工作量很龐大，或是工作流程分歧成好幾個過程，就很難掌握瓶頸在哪裡了。

所有只能在不曉得原因的狀態下，工作完全無法做完，只在眼前不斷累積。這樣的日子天天持續，不少商務人士都漸漸感到疲憊。我被舊社會保險廳的年金作業委員會找去的時候，現場正是這樣的狀況。

為了解決「消失的年金」問題，我們把「年金特別郵件」郵寄給所有的年金加入者及領收者，請他們確認自己的紀錄後回函，可是現場卻無法處理來自日本全國的龐大回函文件，陷入大混亂。我剛進入現場的那天，就在一個類似大倉庫的地方看見大量的未處理文件堆積如山的光景，看得我目瞪口呆。

引起這個狀況的瓶頸在哪裡？為了解決這個問題，我採用了「Ｔ字帳」。這本來是用於簿記的手法，是做出一個「Ｔ」字型的表，依照每個會計科目統計交易的方法。一聽到簿記，各位可能會覺得很複雜，不過其實完全沒那回事。

總而言之就是將「進來的數字」和「出去的數字」整理成乍

看之下可以馬上理解的狀態，管理「現在留在手上的數量」的方法。簿記本身是管理「金錢和資產的數量」，若將它活用在工作上，就可以管理「作業數量」、「文件數量」、「庫存數量」等。結構也很簡單，只要會加法和減法，每個人都能徹底運用。那麼，就讓我來說明具體的使用方法吧。

事例

　　E 任職於某家證券公司，擔任今年 1 月加保對象大幅擴張的「個人型確定提撥制年金」申請書處理作業團隊組長。然而，由於公司內部的體制整備延遲，處理作業一直難以進展，只有顧客寄來的申請書不斷堆積。

　　要確認的項目很多，所以輸入資料本來就要花上一段時間了，再加上申請書的數量和輸入欄位很多，漏填的部分也很多，因此不少時候都必須郵寄重新確認的文件給顧客。每次作業工序都會增加，在處理上很花時間，文件的處理也會延誤。顧客抱怨「為什麼開個戶要花這麼多時間」的客訴也直線增加。E 也想解決這個問題，可是不曉得瓶頸在哪裡，用盡辦法仍不知道該如何是好。

　　該怎麼樣才能找出引發這個狀況的原因，除去瓶頸呢？

T 字帳的解決方法

步驟一 **記錄今天的「進」和「出」的數量**

　　為了理解 T 字帳的結構，就先記錄一下整體業務的「進來的數量」和「出去的數量」吧。準備 A4 紙張，在上面寫一個大大的 T。其次是在 T 字的左上方寫「到昨天為止未處理完留下來的申請書數量」。這就是「在當天早上業務開始時，E 他們手上剩下的庫存數量」。

　　T 字的左下方也填寫「今天早上收到的新申請書數量」。左邊的這兩個數字加起來，就是這一天「進來的數量」。如果到昨天為止未處理完留下來的申請書有 150 筆，今天早上收到的新申請書有 450 筆，這一天「進來的數量」就是 600 筆。另外，當這一天的業務結束後，就在 T 字的右方分別寫下「沒有漏填，正常處理的申請書數量」、「有漏填，轉入修改流程的申請書數量」。

　　如果這兩項加起來的數量是 450 筆，相抵扣除（600 － 450）後會留下 150 筆。這就是「這一天傍晚業務結束時，未處理完留下來的申請書庫存數量」，這個數字也要寫在 T 字的右下方。

　　像這樣整理完之後，就能一眼看出今天「進來的數量」和「出去的數量」了。除此之外，T 字帳的規則就是右方及左方

的總計數字必須永遠相等。如果左右的總計數字不同，就表示
其中一邊的數字有問題，請重新計算。

圖 2-18 用 T 字帳記錄「進來的數量」和「出去的數量」

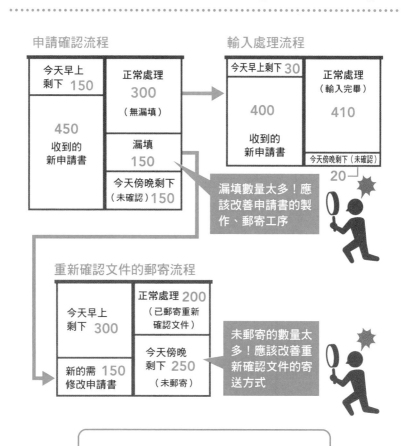

觀察每個過程的出入，就能清楚看見問題點

步驟二　記錄每個過程的每天庫存數量

了解 T 字帳的使用方法後，就記錄每個業務過程每天「進來的數量」及「出去的數量」。以這個事例來說，就像前頁的圖示一般，業務過程雖有分歧，也都連在一起。沒有漏填的文件會轉到電腦輸入作業，有漏填的則要郵寄重新確認文件。只要利用 T 字帳分別記錄這些過程的左右數量，每天確認右方的「庫存數量＝未處理數量」，就能一眼看出庫存是在哪個過程囤積的。這樣的過程就是拖延整體業務的瓶頸。

步驟三　找出瓶頸，執行改善方法

看了前頁的圖示後，我們可以發現和其他過程比起來，庫存數量在「重新確認文件的郵寄流程」明顯增加。這麼一來，就可以找出瓶頸在哪裡了。只要知道這一點，自然也能看見改善方法。處理會在這裡停滯，原因有可能是負責這個過程的人手不足，或是員工的熟練度不夠。因此必須想辦法解決，看是要儘快增加人手，還是重新審視人員配置，投入工作速度快的員工。除此之外，我們也知道收到的申請書當中，每 3 筆就有一筆漏填，必須轉到重新確認文件的郵寄流程。這個數量太多了，所以也要有能減少漏填的改善方法。

於是，E 便向負責製作、郵寄申請書的團隊提案，建議在漏填情況特別嚴重的地方附加完整的填寫注意事項。如果這樣能改善瓶頸，全體團隊的處理速度應該也能確實提升。

T 字帳讓「年金特別郵件」的業務效率提升 4 倍

　　就像這樣，只要利用 T 字帳掌握每個過程每天的數字出入，就能立刻看出瓶頸在哪裡。如果只管理整體的「入（＝收到的申請書數量）」和「出（＝處理完的申請書數量）」，應該完全看不出採取什麼樣的行動才能使情況好轉吧。

　　這和本章一開始介紹的「過程分析」手法類似，不過像這個案例一般，業務過程有許多分枝的時候，或是管理數量龐大的時候，或許更適合用 T 字帳處理。

　　當初，我經手的「年金特別郵件」未處理數量超過 500 萬筆。因此，我便將業務分成 4 個過程，利用 T 字帳管理各個過程的進度。因為數量太過龐大了，為了計算正確的數字，我也導入能即時掌握業務過程的條碼管理，不過原本的出發點還是寫在 A4 紙張上的 T 字帳。如此消除找到的瓶頸後，全體的處理能力一舉提升，約 1 年期間，業務效率就增加了 4 倍。就算是令人望之生怯幾百萬筆處理數量，只要活用 T 字帳，也能妥善管理。「對眼前囤積的工作莫可奈何」的人，一定要聰明利用「用一張紙手寫就 OK」的 T 字帳。（註：「T 字帳」和接下來介紹的「差異分析」記述內容，是在簿記的知識加上筆者的個人整理。想要了解嚴格定義、使用方法等的人，可以閱讀專業書籍或瀏覽網路上的解說網站）

6 差異分析

找出「計畫」和「實績」差異的原因

　　差異分析是比較「計畫」和「實績」，分析產生差異原因的手法。執行商務計畫後，卻發現要花的預算或原價超出計畫。這種情況並不少見。重要的是徹底找出原因。為了高速循環 PDCA，就必須在「DO」（執行）後迅速進行「CHECK」（檢核），並根據檢核結果找出更好的改善方法，再付諸執行。

　　可是，如果光看整體的結果，就無法了解為什麼會產生差異。計畫值和實績值之間有差距時，通常都是受到多個要因影響。如果其中有兩個很大的要因，只要使用這裡介紹的差異分析，就能知道兩個要素之中哪個的影響比較大了。

事例

　　F 隸屬的行銷團隊為了提升公司推出的新服務知名度，在網路刊登了促銷廣告。然而，實際刊登廣告之後，才知道金額超出當初的預算。F 看了收到的帳單，發現原本的預算明明只有 100 萬日圓，結果卻花了 122 萬日圓。仔細一看帳單內容，不只有點擊單價，連點擊數也超過了計畫的數字。若是點擊付費廣告，點擊單價是靠出價來投標，實際上支付的金額應該更低才對，不過負責人員好像為了讓上限更寬裕，一邊調整一邊運用。該從何開始改善才好呢？

差異分析的解決方法

步驟一　用二軸整理「計畫」和「實績」的差異

F 的公司支付的廣告費用，是靠「點擊單價×點擊數」決定的。在計畫階段預估的「預算」如下：

　‧點擊單價→100 日圓　　　點擊數→10,000 次

這樣就是「100（日圓）×10,000（次）＝1,000,000（日圓）」可是，實際數字卻是這樣：

　‧點擊單價→120 日圓　　　點擊數→10,200 次

因此，「實績」就是「120（日圓）×10,200（次）＝1,224,000（日圓）」。

意思就是說，「計畫」和「實績」的差異是 224,000 日圓。讓我們用「點擊單價」和「點擊數」這二軸來整理這個結果吧。這樣就會得到以下的圖示。

步驟二　比較「價格差異」和「數量差異」

看了這張圖，我們可以了解差異有「價格差異」和「數量差異」兩種。前者是點擊單價增加造成的差異，後者是點擊數增加造成的差異。讓我們來計算一下兩者的差異吧。點擊單價的計畫和實績的差異是 20 日圓。點擊數的計畫和實績的差異是 200 次，因此兩者的差異如下：

· 價格差異→「20（日圓）×10,200（次）＝204,000（日圓）」

· 數量差異→「120（日圓）×200（次）＝24,000（日圓）」

　　（註：「價格差異」和「數量差異」重疊的部分為混合差異，在原價分析時通常包含在「價格差異」內。這是因為價格不能靠公司控制，數量則能從公司內部改善的緣故。不過，這裡舉的事例是網路廣告，價格也是改善對象，所以包含在價格差異和數量差異的兩者中計算。因此，「價格差異＋數量差異」會和「計畫－實績＝224,000 日圓」不一致）

這麼一來，我們就能知道價格差異遠遠超過數量差異。意思就是說，點擊單價增加 20 日圓所帶來的影響比點擊數增加 200 次還大。所以，我們可以判斷超出預算的主要原因是「因為點擊單價太貴了」。點擊單價超過預估，是因為相對於廣告顯示次數，網路使用者點擊的次數很少。

換句話說，F 他們該做的就是提升點擊率。於是，F 便向團隊組長提案重新審視橫幅廣告的設計和排版，好讓更多使用者點擊。除此之外，在優先順序比較低的數量差異方面，他也決定徹底管理一次的預算上限。

像這樣分析「計畫」和「實績」的差距後，就會知道該優先採取什麼行動。為了提升 PDCA 的「C」的精確度和速度，迅速進入「ACTION（行動）」，請各位一定要活用差異分析。

圖 2-19 利用差異分析找出原因

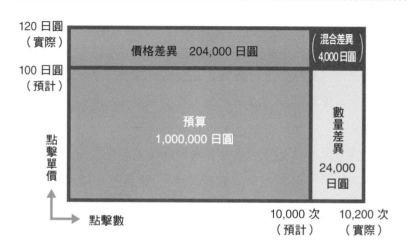

7 終生價值分析
讓終生價值最大化

　　在第一章，我提到接下來的時代必須重視「終生價值」（LTV）。今後的勝負就取決於能不能在工作時意識到這一點。意識到終生價值為什麼會成為優勢？這是因為和沒有意識到的其他競爭公司比起來，可以花費更多取得顧客的成本。我們可以從終生價值倒算能花多少廣告費、簽約時的特惠、給銷售代理店的回扣等取得顧客的成本。

　　舉例來說，假設有兩個每月費用都是 3,000 日圓的服務。服務 A 的用戶平均會持續使用服務 2 年，所以 1 位用戶的終生價值就是 72,000 日圓。

　　可是，服務 B 的用戶平均只持續使用 1 個月，終生價值是 3,000 日圓。終生價值差了 24 倍，因此就算每個月的營業額相同，A 和 B 在取得顧客上花費的成本顯然不同。

　　這也是理所當然的，越是只有「一次賣斷」的商務經驗的公司，越沒有「將終生價值最大化」的想法。因此，我們可以看見本來應該花費更多成本取得顧客的商務也判斷錯誤，錯失可能獲得的終生價值。聽我這麼一說，應該有人會心想：「要怎麼算出讓終生價值最大化的成本使用方法？」別擔心，終生價值的計算方法並不難。讓我根據接下來的事例詳細解說吧。

事例

　　G 任職的 IT 企業已經推出幾十個應用程式了。這些應用
程式的廣告宣傳費、促銷活動費等為了取得顧客投入的成
本，都規定在「各個應用程式本身營業額的 15％」。一直以
來，G 都是不假思索地聽從上頭的指示，但是他卻開始思考：
「比起立刻在市場上消失的應用程式，應該可以多花一些宣傳
費、活動費在長年受用戶喜愛的應用程式上。」

　　話雖如此，G 也不曉得「該在哪個應用程式花多少取得
顧客的成本」，所以即使想向主管提案，也沒有能顯示根據的
資料。要怎麼知道投入成本的上限呢？

終生價值分析的解決方法

（步驟一）**算出每個廣告媒體、促銷手法的取得顧客單價**

　　那麼，就讓我們來檢核一下 G 的公司推出的 3 個應用程式
分別能花多少成本取得顧客吧。首先要整理每個活動的顧客取
得成本數據。依照過去刊登廣告的媒體或促銷方法分別以活動
A～H 的形式整理，就能做出圖 2-20 ❶。

　　顧客取得成本的最低單價是 100 日圓，最高單價是 1,600
日圓。或許有人會認為，只要一直靠取得單價 100 日圓的方法
取得顧客不就好了？不過一般來說，不管是什麼媒體、什麼促

銷手法，顧客取得成本都會越來越貴。

即使一開始能靠 100 日圓獲得 1 位顧客，之後如果不照 200 日圓、300 日圓……地花費更多成本，就無法取得新顧客（參閱「邊際效用遞減法則」）。不僅如此，無論是多有效的手法，能獲得的媒體和顧客人數也會有上限。因此，我們必須採用各式各樣的顧客取得方法。

不過說歸說，能投入的成本也有限。如果顧客取得成本超過終生價值，就會虧損（實際上還要花費顧客維持成本，不過為了讓說明更容易理解，這個事例會假定顧客維持成本是零）。所以我們要從顧客取得單價更便宜的手法（＝取得效率佳的手法）開始，計算活動 A～H 要執行到什麼程度，終生價值才會達到最大。

圖 2-20 終生價值分析　各個活動的顧客取得單價

① A～H 要執行到什麼程度，終生價值才會達到最大？

平均要花多少錢才能獲得一位新顧客？

	取得單價
活動 A	100 日圓
活動 B	300 日圓
活動 C	450 日圓
活動 D	700 日圓
活動 E	900 日圓
活動 F	1,200 日圓
活動 G	1,300 日圓
活動 H	1,600 日圓

圖 2-21 終生價值分析　各個應用程式的取得費扣除前終生價值

❷

取得費扣除前終生價值	1	2	3	4	5	6	7	8	9	10	11	12
應用程式 (1)　1,260	420	420	420									
應用程式 (2)　2,400	200	200	200	200	200	200	200	200	200	200	200	200
應用程式 (3)　1,400	280	280	280	280	280							

圖 2-22 終生價值分析　應用程式 (1) 的上限

❸

應用程式 (1)	取得數	取得費	取得費扣除前終生價值	終生價值	累積終生價值
活動 A	300	30,000	378,000	348,000	348,000
活動 B	200	60,000	252,000	192,000	540,000
活動 C	250	112,500	315,000	202,500	742,500
活動 D	400	280,000	504,000	224,000	966,500
活動 E	320	288,000	403,200	115,200	1,081,700
活動 F	100	120,000	126,000	6,000	1,087,700
活動 G	50	65,000	63,000	-2,000	1,085,700
活動 H	30	48,000	37,800	-10,200	1,075,500

最好執行到 F

累積終生價值在此最大化

（步驟二）　計算每個應用程式的「取得費扣除前終生價值」

　　請各位看上圖 2-21 ❷。要檢核的 3 個應用程式分別列有「每月營業額」（費用）和「平均存留期間」（是顧客的期間），以及兩者的乘積「取得費扣除前終生價值」。

　　「取得費扣除前終生價值」是指扣除廣告費、促銷費等成本前的終生價值。舉例來說，「應用程式」（1）的月費是 420 日圓，平均存留期間是 3 個月，取得費扣除前終生價值就是「420（日圓）×3（月）＝1,260（日圓）」。此外，這次我們要看的是 1 年內最大的終生價值，所以折扣率不列入考量。

（步驟三）　算出「累積終生價值」最大化的界線

　　接著，我們要算出各個應用程式能追加多少取得成本。從結論來說，例如應用程式（1）就是「最好能進行到活動 F」。請各位看圖 2-22 ❸。假設應用程式（1）實施各種活動的顧客取得數如圖 2-22，我們就可以在表上列出每個活動的「取得費扣除前終生價值」和「（扣掉取得費後的）終生價值」、追加每個活動的「累積終生價值」。

　　如果在活動 E 的階段停止舉辦，累積終生價值就是 1,081,700 圓。若進行到活動 F，累計終生價值就是 1,087,700 日圓。可是，如果進行到活動 G，終生價值就會變成負數，累積終生價值也會轉而減少到 1,085,700 日圓。意思就是說，最

好不要做到活動 G。因此，我們可以判斷累積終生價值最大化的界線，就是「進行到活動 F 為止」。只要如此計算，就可以精確了解能將各個商品或服務的終生價值最大化的顧客取得成本投入上限，不再是「一律將營業額的 15% 當成廣告費」的粗略成本管理。

　　另外，為了讓說明簡潔，這個事例的前提是大概知道實施各個活動時的顧客取得數，不過在現實商場上，很多情況都是事前完全不曉得這個數字。這種時候，孫總裁應該會採用「先一起舉辦所有活動，規模小也沒關係，再將結果進行數值化分析。這樣就能提高預測取得數的精確度」這個方法。關於這種「PLAN（分析）前先 DO（執行）」的思考方式和做法。

超推薦工具❶
了解「必要回答人數（樣本數）」！
SurveyMoney Sample Size Calculator

　　實施問卷調查或用戶研究時，各位有沒有煩惱過「到底該收集幾人份的回答才好」呢？明明都花成本調查了，主管卻說：「數量太少了，靠這種數據是行不通的。」相信不少人都有過這樣的經驗。的確，作答者人數太少的話，數據的可信度就令人懷疑了。話雖如此，但在有限的預算下也不能隨便增加

樣本數，造成成本負擔。

　　如果委託調查公司，對方會提案：「為了得到可信度高的結果，作答人數必須有這麼多。」可是，我們也很難判斷那究竟是不是適當的數字。「該不是為了提高調查費用，才故意說這麼多的吧？」就算我們心裡這麼想，也沒有確實的證據，所以無法反駁。其實，有一個工具可以解決這種煩惱──那就是「SurveyMoney Sample Size Calculator」（https://www.surveymonkey.com/mp/sample-size-calculator/）。

　　「SurveyMoney」是全球最大的線上調查問卷服務，可以在網路上輕鬆（花幾分鐘）製作正式的調查問卷和表格，基本功能全都能免費使用。這個「SurveyMoney」的英文版網站上，有非常簡單的計算工具「Sample Size Calculator」（參圖 2-23）。

　　只要分別指定「母體（Population Size）」、「信賴水準＝Confidence Level（％）」、「誤差界限＝Margin of Error（％）」，就能在瞬間算出「**必要回答人數＝樣本數（Sample Size）**」。

　　看到這些專業術語跑出來，各位可能會嚇一跳。讓我來說明各個術語的意義吧。「母體」是指想透過調查了解的集團規模。舉例來說，調查員工滿意度的時候，公司的全體員工人數就是母體。「誤差界限」是指調查結果的容許誤差上下限，「5％」是最常用的數值。舉例來說，如果調查結果是 60％，誤差界線是 5％，就能容許 55~65％的誤差。

　　「信賴水準」是指樣本集團反映至母體的百分比，多半都

是「信賴水準 95％」。意即這種時候，如果在同樣條件下實施同樣的問卷調查 100 次，其中的 95 次將在誤差界限的範圍內。

　　（註：「SurveyMoney Sample Size Calculator」沒有信賴水準，但通常計算樣本數的時候還會指定「回答比率」。這是選擇特定回答的比率，不過大多都是「不實際調查就無法得知」。回答比率是「50％」的時候會得到最保守的結果，也就是會需要最多樣本數。因此，如果不知道用什麼比率計算，只要用「50％」就沒問題了）

　　接下來就讓我們實際用「SurveyMoney Sample Size Calculator」計算看看吧。假設我們要在擁有 1 萬名員工的公司做問卷調查。分別指定「母體＝10,000」、「信賴水準＝95％」、「誤差界限＝5％」後，就點選「CALCULATE（計算）」。結果，「Sample Size」下方算出了「370（人）」（參閱圖示）。這代表「只要對 370 位員工做隨機抽樣問卷調查，即使在同樣的條件下實施同樣的問卷調查 100 次，其中的 95 次會在誤差 5％的範圍內」。既然這樣的話，就可說是「幾乎符合所有員工」了吧。

　　有趣的是，即使母體增加成 1 萬、10 萬、100 萬，樣本數幾乎不會改變。舉例來說，在「信賴水準＝95％」、「誤差界限＝5％」的條件下，母體是 10 萬時，樣本數就是「383」，再往上增加的話，不管是 100 萬還是 1 億、1 兆，樣本數都是「385」（請各位實際輸入數字試試看）。

圖 2-23 能得知問卷調查必要回答人數的方便工具

可以得知在擁有 1 萬名員工的公司進行員工調查時，只要隨機抽樣「370 人」，也會得到這樣的結果，「即使做 20 次相同的調查，其中 19 次相較於調查 1 萬人的時候，只有±5%範圍的誤差」

　　知道「樣本數＝必要回答人數」之後，就考量問卷的「回收率」，算出最終發出調查問卷的數量。舉例來說，假設在前述的公司發問卷給員工填寫，過去的回答率是約 5 成，只要對「370÷0.5＝740（位）」員工做隨機抽樣問卷調查，就能獲得信賴水準＝95％、誤差界限＝5％的結果。

　　只要知道這一點，即使調查公司說：「要得到值得信賴的結果，必須有 1,000 個樣本。」你仍可以交涉：「不，有 400 個

樣本就夠了。」或是在主管說「樣本太少了」的時候，你也能說明：「只要有 400 個樣本，就會有 95％的準確率，誤差在 5％以內。」當然，如果「想要確實符合所有人的回答」，也可以用信賴水準 99％來計算（樣本數自然會比信賴水準 95％的時候多）。不管怎麼說，你應該可以得到比被調查公司或主管牽著鼻子走更「低成本、高準確度的調查結果」。

超推薦工具❷
簡單進行「AB 測試」！
Optimizely、Kaizen Platform

「好像不太對耶。」你的公司是不是也有口頭禪是這句話的主管呢？給主管看了網路廣告設計案之後，主管說：「好像不太對，你再想想別的。」你莫可奈何地交出替代案後，主管又說：「好像不太對。」又要求你想別的設計案。在這樣要求你交出好幾個設計案後，最後還是用「嗯～好像每個都不太對」來放棄決斷——這樣的主管還真不少。

當然，你自己也會主張「A 案和 B 案之中，我覺得 A 比較好」，可是這只是你的主觀，無法順利說服主管。「乾脆直接問客戶哪個比較好……」如果你這麼想，我一定會推薦你用能簡單實施 AB 測試的工具。最具代表性的就是「Optimizely」、「Kaizen Platform」。

圖 2-24 超簡單！推薦的「AB 測試工具」

Optimizely

全球市占率第一名的 AB 測試工具。在日本可以透過代理店簽約很方便，以下兩家公司都是 Optimizely 認可的正規代理店。兩家公司都能免費試用所有功能 30 天。

https://optimizely.e-agency.co.jp/

https://optimizely.gaprise.jp/

Kaizen Platform

https://kaizenplatform.com/ja/

提供改善網站服務的「Kaizen Platform」。只要外包給這家公司的外部設計師及工程師「Growth Hacker」，就算自己公司內沒人有這種技術，也可以立刻實施 AB 測試。

　　AB 測試是指主要用於網路行銷的手法，準備兩種想要比較的網站或廣告、文字等，檢核哪一種能獲得較高的成果。舉例來說，準備兩種橫幅廣告的設計，在某段特定期間隨機顯示兩種廣告，並計算點擊數和實際購買數。這樣就能比較兩個橫幅廣告的轉換率（CVR）。

　　只要使用 AB 測試，就能用數字清楚顯示「A 和 B 哪個比較好」，不再會有根據個人興趣或喜好評斷「這個好」、「這個不對」的無謂議論。而且，AB 測試的好處就是能在某段特定期間同時比較兩者。如果是「A 案在 4 月、B 案在 7 月」這種時期錯開的測試，就算能得到數字，也無法客觀比較──因為一定會有人說「很多人都想在春天嘗試新事物，所以數值才會比較高」、「7 月剛好跟其他公司推出的類似活動撞期，所以數值比較低」，讓議論再次回到平行線。

　　以前，不管是廣告還是促銷活動，如果要同時測試兩者，都會花費很多勞力和金錢。可是現在，只要有網站、只要會用 AB 測試工具，就能用低成本輕鬆測試多種情況的同時期比較結果。要是有時間進行「好像不太對的議論」，馬上用數字比較，獲得結論還比較快。

　　其實「TORAIZ」也曾利用 AB 測試工具比較臉書的廣告。在相同時機測試兩種廣告之後，A 類型的 CVR 是 0.82％，B 類型的 CVR 則是 0.77％。由此可知，A 類型的廣告可以獲得高出 0.05％的成果。各位可能會覺得：「0.05％？就差那一

點？」不過，A 類型的 CVR 是 B 類型的 1.06 倍，所以兩者之間約有 6% 的差距。假使一位顧客的終生價值是 100 萬日圓，就會產生「1,000,000×6%＝60,000（日圓）」的差距。這可不能因為「就差那一點」而錯失吧。正因為要拓展商務，連細微的數字差距都要徹底檢核，正確理解這會對自己的目標帶來多大的影響。為此，請各位活用 AB 測試工具，進行「正確的數字比較」。

超推薦工具❸
免費進行文本挖掘！ KH Coder

　　實施問卷調查後，卻因為回答數量太過龐大，不知道該如何解析才好。用戶在部落格、社群網站留下與公司商品相關的大量意見和評判，可是不曉得該如何活用才是……。能在這種時候派上用場的，就是名為「文本挖掘」的手法。這個分析方法是用單字、斷句區分文章，分別解析出現頻率和關係、時序等，以擷取有用的資訊。

　　文本挖掘的理論很複雜，以前只能花費大量金錢請專門業者分析。我在軟銀的時代也曾請過某家業者分析客服中心的問卷調查結果，花了幾百萬日圓的費用。然而，現在只要使用某種工具，就能利用文本挖掘進行分析，而且居然免費。這項工

具就是我在第一章介紹的「KH Coder」。

　　只要上「KH Coder」的網站（http://khc.sourceforge.net/），就能免費下載工具，詳細的使用方法和功能也可以在網站裡確認。對於免費提供如此專業工具的開發者──立命館大學的助教樋口耕一先生，在此再次深深致上謝意。「KH Coder」利用「搭配詞網路」功能，能用視覺表現單字間的關係性。就讓各位看看我演講後的問卷調查結果分析，當作例子吧。

　　圓圈越大，代表該單字出現的頻率越高。不僅如此，「搭配詞關係」（在特定文章中，某個單字出現時，別的單字也同時頻繁出現的關係）越強，圓圈就會被粗線連起來。另外，負責連結單字和單字的中心型性質從高到低，會依序以深粉紅色－白色－水藍色顯示。看了之後我們可以知道，假設問卷調查中有很多「英文」這個單字，與英文相關的「讀書」、「時間」等單字也會寫在問卷調查裡。因此可以做出「來聽演講的人很多都對英文有興趣，其中有許多人覺得學習時間這部分很有幫助」的分析。

　　此外，「科技」呈現深粉紅色，而且和「人類」、「運轉」、「世界」、「iPhone」連在一起。只要看著這張圖，就能感受到聽演講的人們對我說的話有什麼反應。這麼一來，我也可以思考「下個月的演講要詳細談論哪種主題，才會讓聽講的人更有興趣」，採取下一步行動。

圖 2-25 文本挖掘的免費軟體

KH Coder　KH Coder　竟然能免費進行文本挖掘！（藉著這個機會，我要對開發者——立命館大學的助教樋口耕一致上深刻的謝意）

左邊的網站內也有使用方法說明。

http://khc.sourceforge.net/

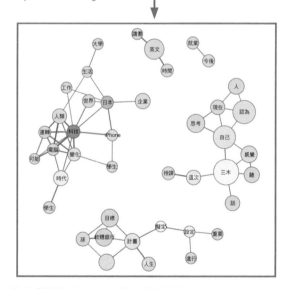

使用「搭配詞網路」功能，就能像上圖般用視覺顯示單字之間的關係性。上圖是分析筆者演講後的調查問卷自由填寫欄（寫的文字）時得到的結果。圓圈越大，就表示該單字出現的次數越多。

　　如果用這個工具分析客服中心的客訴，就能做出「『Wi-Fi』這個字出現很多次，而且跟『斷線』這個字有很強的搭配詞關係」等分析，進而採取具體的改善方法。就算不特地做問卷調查，只要收集網路或社群網站的留言進行分析，就能輕鬆分析自己公司的商品或服務和什麼樣的單字連在一起了。隨著使用者的想法，「KH Coder」可以分析所有的文字資訊。常有機會經手文字資訊的人，一定要試著活用看看。

第 **3** 章

常見的「錯誤數值化」
與 3 大陷阱

明明數值化了，為什麼還是做不好？

　　只要我在演講的時候談到「數值化很重要」，一定會出現這樣的反應。「我們公司的數字很瑣碎，每次開會時看到資料，就會覺得很厭煩。可是營業額跟利潤反而完全沒增加欸。」「主管都說：『用數字思考。』所以我在製作資料的時候，就先把數字列出來，結果主管還是沒用，一直放在他桌上。」看來，越是大企業或傳統企業，越容易發生「數值化是做了，但沒派上用場」的狀況。我也在很多企業看過這種數值化的失敗案例。

　　為什麼數值化沒辦法解決問題呢？這是有明確的原因的。我會在這一章解說，同時也會說明很多人容易掉進的「數值化陷阱」。只要知道並躲過陷阱，就能更有效地活用數字，自己的工作也會獲得改善。此外，若是經理和管理階層，在看到屬下提出的數字時，也能把本章的內容當作確認的重點。請各位務必要在這一章記住讓數值化可以確實解決問題的訣竅。

1 數字的單位、定義、解釋模糊

　　孫總裁絕對不會放過模糊的數字。數字的單位及定義、解釋等，只要有一丁點模糊的地方，他就會當場敏銳地揪出：「這是什麼？！」特別會惹他生氣的，就是「分母和分子不清不楚的百分比」。假如只報告：「現在的的手機解約率是1.07％。」孫總裁一定會這麼指責：「**這個解約率的分母和分子是怎麼定義出來的數字？**」他的指責非常正確。

　　比方說，這是用「某個月新簽約的人數」當分母，「同月解約的人數」當分子算出來的數字嗎？還是用「累積簽約人數」當分母，「累積解約人數」當分子算出來的數字？如果分母和分子不同，即使同樣都是「解約率」，代表的意義也會截然不同。算出百分比之後，就會得到有模有樣的數字，所以我們很容易在報告或資料中看漏，不過只要分母和分子的定義不明確，就有誤判現況的危險。導致彼此產生誤解，或是議論牛頭不對馬嘴。如果每個人各自一廂情願地解讀，造成事情不斷朝著錯誤的方向發展，甚至有可能走到無法挽回的地步。

　　不能模糊不清的不只有數字的定義。依照過程分類業務時，如果每個人的解讀不同，就無法計算正確的數字。舉例來說，即使是「輸入顧客資訊」的作業，如果不定義好怎麼樣才

算「輸入完成」，就無法正確計算處理數量。定義為「10 個項目全部輸入」，也將與前後業務的區分設定清楚，例如「只要有一個項目漏掉，就回到前一個過程，詢問顧客」，就能正確掌握一天的處理數量。

可是，如果沒有定義，有漏填項目的輸入資訊也會被算成1 筆。就算從數字上來看，作業進行得很順利，但實際上有可能只是不斷累積一大堆空欄，派不上用場的顧客資訊。本來，讓數字的單位和定義清楚，在處理數字上是基礎中的基礎。因此在製造商的製造現場，也會明確區分業務過程，「故障品發生率」等術語也會在確實定義分母和分子後使用。不過在白領族的職場上，這一點卻意外地受到輕視。沒有定義的數字是危險的陷阱。大家要好好認知這個事實。

2 「分類方法」太單純或不適當

　　有好幾家企業及組織委託我解決問題，而數值化不順利的原因之中，最多就是「分類方法」。

　　請各位回想一下我在第一章介紹過的某家企業業務部的事例。這家公司也一樣，只拿出全體營業額跟訂單數量的數字，沒有適當進行「分類」的作業。於是，我便將「新客戶獲得數」分成「第一次就解約的客戶」和「第二次以後仍繼續下單的客戶」，再「依照業種」分類，算出數字。

　　就是因為這樣，我才會發現「續約率很低」、「續約率會因為客戶的業種而有差異」等問題，找出「集中對美容業界推銷」這個有效的解決方法。

　　如果分類方法還是很單純，這家企業應該現在還是隨機找公司推銷，維持煩惱著「明明很努力了，營業額卻沒有成長」的狀況吧。

　　若「明明已經進行數值化了，問題仍沒有解決」的話，我建議各位一定要重新看看分類方法。因為在非常多的案例中，這都能成為問題解決的突破點。

區分「持續性營業額」和「一時性營業額」

其中，我希望各位特別著重的就是區分「持續性數字」和「一時性數字」。看了前述的業務部事例就知道，在營業額方面可說一定需要區分成這兩種。「持續性營業額」是指透過製作機制使金錢定期且自動地從簽約的客戶流入公司。手機的通訊費和訂購雜誌等都是代表性的例子。借用孫總裁的話來說，這就是「跟牛的口水一樣」的營業額。

另一方面，「一時性營業額」則一如字面，指只有一次的營業額。比較這兩種營業額時，對生意或公司來說，何者比較重要呢？從終生價值的觀點來看，增加「持續性營業額」的比例應該毫無疑問地可以強化公司的基礎，穩定業績。

然而，在計算數字時區分「持續性數字」和「一時性數字」的企業並不多。結果就導致錯失看出公司基礎不穩的機會，察覺的時候已經太遲的公司不斷出現。如果不區分成「2 種營業額」算出數字，會發生什麼事呢？讓我介紹一個簡單易懂的例子。圖 3-1 是顯示某家公司過去 4 年的營業額推移圖。雖然多少有些上下起伏，但仍維持一定的水準，看起來像是一家穩定的企業。

另一方面，下方的圖表則將營業額推移分成「持續性營業額」和「一時性營業額」。各位比較之後，有什麼想法呢？應

該一眼就能看出「持續性營業額」的比例急劇下降了。如此分類之後，就能實際感受到這家公司處於多麼嚴重的危機狀態。從這張圖表可以看出：理應是這家公司的基礎，也就是賺取持續性營業額的生意，現正陷入毀滅性的低潮。

說不定是以壓倒性的低價提供同樣服務的其他競爭公司抬頭。或是能取代自家公司服務的新商品問世，搶走了顧客。不管情況是怎麼樣，我們都能了解現況就是靠在現場工作的員工拚命收集一時性營業額，來填補低落的營業額。公司業績低落時，常會利用賺取「一時性營業額」來想辦法熬過去。

明明本業是提供自家公司開發的網路服務，來向用戶收取月費，但是卻因為營業額下滑了，就接受其他公司的委託，接下單件系統開發的工作，讓數字一時性提升。不少公司都是靠著這種做法來熬過決算期等。

然而，這種做法只能應付一時，絕對無法長久持續。畢竟**持續性營業額只要先做好機制，錢就會自動進帳，若要用一時性營業額的方式來賺取同樣的金額，則必須花上好幾十倍的勞力。**不管現場員工再怎麼拚命，氣力和體力都有極限。再這樣下去，這家公司的營業額總有一天會暴落，危及經營本身……。以這張圖表來看，我只能做出這樣的判斷。

圖 3-1 不看「持續性營業額」，就無法了解一家企業的實力

■ ○○公司過去 4 年的營業額推移

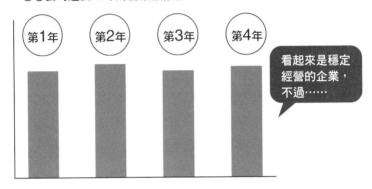

分成「兩種營業額」，
算出數字後……

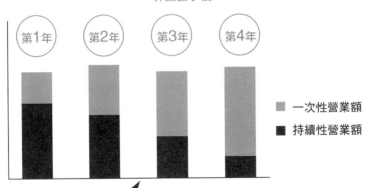

靠「持續賺錢事業」而復活的 SONY

　　一如我在第一章所言，著重於持續性營業額的商業模式在今後的重要性將會變得更高。說到利用傾力於「持續性營業額」，在全球獲得極大成功的先驅，那就是 Apple 了。開發獨創的作業系統，搭載在 iPhone、iPad、iPod 等自家公司的產品內，並用「iTunes」、「iCloud」將這些裝置和內容結合在一起。一旦買了 Apple 的產品，用戶就會無法脫身，每次出新產品就會一直買下去。這就是名為「獨占」的 Apple 戰略。

　　而在日本，也開始出現著重於持續性營業額而獲得高業績的企業。其中最好的例子，就是 SONY 的復活戲碼。這家公司有一段時間曾苦於業績惡化，不過在 2018 年 3 月期預計會創下過去最高的利潤。支撐這家公司復活的是「循環型事業」。循環就是「Recurring」，正可說是「持續賺錢的事業」。

　　最具代表性的生意，就是用「每月多少錢」的形式向購買遊戲機「Play Station 4」的人推出線上對戰等服務。此外，SONY 還將美國的音樂出版社子公司化，把觸角伸向每次使用樂曲都能徵收權利金的著作權管理事業。

　　循環型事業的本質就跟孫總裁說的「牛口水型生意」一模一樣。若你的公司或事業也將「持續性營業額」和「一時性營業額」分開，應該就會有找出解決問題活路的可能性了。

3 測量的數字和終點無關

　　數值化只是解決問題的手段。既然會進行數值化，應該是有想要解決的問題、想要抵達的終點（目標）。然而，許多企業都只試圖收集數字，關鍵的終點卻模糊不清。你是不是也曾「因為上面的人叫我『總之你就先調查一下』」、「因為依照慣例要在會議上報告」等理由而調查數據、製作資料呢？可是，不管收集、分析多少與終點無關的數字，都沒有意義。

　　收集很多數據，或是看著龐大的數字，就會有種自己有在工作的感覺。但是無法協助達成目標的數字，只不過是無用的廢物罷了。**數值化的重點，就是「從終點倒回來算，判斷該計算什麼」**。如果你的目標是「我想學會用英文對話」，利用多益的分數來測量英文能力根本毫無意義。畢竟多益是閱讀和聽力的考試，而不是測對話能力的考試。

　　不過直到現在，日本的公司還是用多益的分數來當評價尺度。如果想要會閱讀英文、聽英文的人才，這個方法並沒有錯；如果想要能用英文做簡報、談判的人才，要員工「把多益考到 800 分以上」也沒有意義。

　　我的公司營運的英語會話學校就會用「Versant」這個測驗來為目標是「學會能在商場上運用的英文會話能力」的學生測

試實力。這是利用「聽英文母語人士說英文，自己也說英文」這種完全符合實際對話的形式測試溝通能力。因此，我們可以測量學生距離目標有多近，將之數值化。這就是「從終點倒回來算」的方法。我舉的這個例子是學英文，不過要達成商場上的目標時也一樣。

　　先將終點明確化，再從終點倒回來計算必要的數字。如果不這麼做，不管什麼樣的數字都派不上用場。就算主管指示你：「總之你就先把數字調查好」倘若你只是照著主管說的去做，就會白費花在調查上的時間和勞力。先跟主管確認「這是為了什麼終點（目標）收集的數字」，了解目的地，再自行思考什麼是和終點有關的數字，到適當的地方去獲取這些數字。只有知道要這麼做的人，才能用數值化協助解決問題。

4 數字的「形式化」

　　大企業或歷史悠久的企業很容易陷入「數字的形式化」。從以前開始，取得數字的方法和製作資料的版型都已經固定了，即使時代有所改變，仍繼續使用這些方法和版型——很多公司都是這樣。這麼一來，就無法進行符合現狀的數值化，所以當然無法解決問題。

　　明明為了解決問題，不能不看「每個商品的數字」，但卻因為「每個月的業務會議上要報告每家分店的數字」這個慣例，沒人去算數每個商品的數字——這樣的情況很常發生。

　　由於長年以來都是計算每家分店的數字，這樣的計算機制已經完備了。**正因為有可以輕鬆取得數字的機制，才會在不知不覺間發生「只看取得的數字」這樣的形式化，這就是這類企業很容易陷入的陷阱。**然而，如果不管怎麼看每家分店的數字，都不見改善的話，就是計算方法不符合現狀的證據。這種時候應該要設定假說，計算別的數字，找出問題究竟在哪裡。

　　對形式化的數字抱持疑問，思考「如果把分店裡的每種商品的營業額算出來，說不定會看出什麼」，並實際去算出數字，或許就能得知「數字不理想的分店中，利潤率高的 A 商品銷售量很少」等新的事實。再追究下去，應該就能看見「沒有

徹底指導現場打工人員『要積極推銷 A 商品』」等原因了吧。

　　到了這個地步，就可以看出「要徹底指導打工人員」等改善方法。如果只是死盯著和下一個行動無關的數字，什麼也無法改善。**不要讓數值化的手法和基準維持固定，必須因應當時的狀況取得必要的數字。**

　　另外一個與數字形式化相關的事項，我也希望各位注意。那就是「莫名地套用其他公司的基準」。我在第二章的「終生價值分析」也提過同樣的事例。在我提供經營改善建議的企業當中，有一家 IT 企業發行了將近 100 種應用程式，並算出各個應用程式的「每月營業額的 15%」，將這筆金額當作廣告宣傳費。當我問他們為什麼是 15% 時，他們回答：「我們調查了其他同業公司的廣告宣傳費及財務報表，才算出這個數字的。」可是，稍微想一下就會發現很奇怪。100 種應用程式當中，會有用戶長期使用的應用程式，也會有服務在短期內結束的應用程式。意思就是說，每個應用程式獲得的終生價值都不一樣。

　　然而，如果對所有的應用程式一律投入「每月營業額的 15%」的成本，自然不可能達成利潤最大化。舉例來說，假設有 A 和 B 兩種應用程式。這兩種應用程式的每位用戶獲得成本都是 100 日圓，能從 1 名用戶獲得的營業額則是 1 個月 300 日圓。不過，A 應用程式的用戶平均利用期間是 1 個月。換句話說，大半的用戶都會在 1 個月後停用。在這個情況下，獲得的利潤就是「300（日圓）－100（日圓）＝200（日圓）」。這

是 A 應用程式的終生價值。

另一方面，B 應用程式的用戶平均利用期間是 12 個月，能從 1 名用戶獲得的營業額是 3,600 日圓。因此 B 應用程式的終生價值就是「3,600（日圓）－100（日圓）＝3,500（日圓）」。兩種應用程式的獲得用戶成本和每月的營業額都一樣，但是終生價值卻差了 17 倍以上。可是，如果投入「每月營業額的 15％」的廣告宣傳費，兩種應用程式的投入金額都會是 1 名用戶「300（日圓）×15％＝45（日圓）」。明明終生價值差這麼多，兩種應用程式的廣告宣傳費卻都一樣──這真的是能使利潤最大化的適當戰略嗎？

於是，我便建議：「可以對存留期間長的應用程式投入跟終生價值同等程度的廣告宣傳費。」以 B 應用程式來說的話，就是可以投入一名用戶 3,500 日圓。一般來說，獲得用戶的成本都會隨著時間增加。就算一開始是用 100 日圓獲得的，之後如果不花 300 日圓、500 日圓的成本，就抓不到新的用戶。即便如此，只要持續投入不超過 3,500 日圓的費用，結果還是能使終生價值最大化。

另一方面，像 A 這樣在極短期間結束使用的應用程式，投入的廣告宣傳費只要是所需最低限度即可。如此重新審視每個應用程式的廣告宣傳費比例後，這家公司的利潤便立即獲得改善。「因為敵對公司成功了」等理由隨便套用其他公司的基準是很危險的。拿來當作訂定指標的大概數值或參考倒是無妨，

但還是必須在分析「自家公司的情況如何」、「數字的前提條件及環境是否和其他公司不同」後，再設定適當的指標。

　　數字的形式化是對過去的經驗法則囫圇吞棗後掉入的陷阱。為了避開這個陷阱，不將思考停在「因為過去都是這麼做」、「因為大家都這麼做」是很重要的。請各位牢牢記住我在第一章介紹的重點「數字不是別人給你的，是靠自己找的」。

5　數字的「內向化」

　　發生數字形式化的原因，不只有依賴過去的經驗法則。在公司內光看數字，不理會外在的環境變化也是很大的要因。在第一章，我提到了因為沒有將電腦和智慧型手機的瀏覽數分開來計算，導致智慧型手機專屬事業輸給別人的企業層出不窮。這也是因為沒有察覺外界發生的變化，只看著自己手上的數字就放心所引起的失誤。這種「數字的內向化」發生在很多日本企業內。

　　所以，在我擔任顧問的公司，我都會告訴他們：「不要光看KPI 就安心。積極去找外面的數字。」因為不只是傳統的大企業，連理應對變化敏感的初創企業都會在公司的經營上了軌道之後，就直追著公司內的 KPI 跑。剛成立公司的時候，公司內沒有能用來數值化的材料，所以大家會拚命調查商務和業界，到處去收集對自己有用的數字。可是，一旦決定了業績指標，PDCA 開始動起來之後，他們會漸漸變成只在自己收集的數字框框內思考事物。

　　不只有公司，成立新事業或新專案的時候，也很容易發生完全相同的情況。只要達成自己設定的 KPI，就會放下心來。乍看之下，PDCA 循環也一帆風順，所以這種舒適的感覺才會

造成人們停止思考吧。然而，這只不過是自我感覺良好罷了。只有目標值和指標等數字本身持續檢核、改善，PDCA 才會發生作用。

數值化的方法本身也必須持續更新

即使已經設定好 KPI 或數字的分類方法等，如果外界的環境改變，當然也要重新審視。我在「Yahoo! BB」的客服中心擔任負責人的時候，也曾為了改善業務而對使用者進行滿意度調查。當時一天會收到大概 2,000 筆使用者回覆的問卷調查，我全都看了。我的想法是先掌握填寫在意見欄的意見和不滿，再判斷該優先改善什麼。這個時候，我常會確認接線生處理時的分類是否符合現狀。

在客服中心，例如遇到「數據機故障」，就會分成「有怪聲音」、「斷線」、「通訊速度慢」、「數據機發熱」等要素，並在定義各個類別後運用。然而，現實中會有既存的類別無法處理的諮詢，也會有不屬於任何類別的新客訴急遽增加。正因為如此，我才會每天看顧客的意見，隨時確認之前決定的類別定義是否正確，並因應必要下新的定義。

什麼樣的數字都一定會陳腐化。「只要進行了數值化，就能永遠利用」是不可能的事。因此，數字的分類方法、計算方

法、指標設定都必須經常確認，持續更新。在現今的時代，經濟狀況、其他同業公司的動向、新商品或服務的潮流全都瞬息萬變。我們必須因應這些變化改變自家公司的商品或服務，有時候甚至得創造全新的市場。為此，我們要一直去找外面世界的數字。關於數值化，請各位要求自己：經常要「外向」思考。

6 空有 PLAN (分析) 沒有 DO (執行)

　　就像我在第一章提到的，商務「只有執行一途」。不管訂定多縝密的計畫，說穿了，「不實際去做，沒人知道未來會怎麼樣」。數字的分類和取得也一樣，就算在辦公桌前抱頭煩惱「正確答案是什麼」，也無法得知答案。只能先執行，獲得確實的實測值後，再根據實測值修正軌道，找出正確答案。

　　軟銀能以壓倒性的力量持續獲勝，就是利用反正就去「DO」來不斷提升數值化的精確度。加入 ADSL 事業的時候也是，沒有人知道成功的機率到底有多少。當時從事 ADSL 事業的只有幾家極小的新興企業而已。用戶層也有限，一般人的認知是「只有部分狂人才會使用 ADSL」。因此，通訊業界也懷疑這門生意有沒有市場。在這樣不確定的狀況下，一般公司絕對不會預估會有 100 萬規模的加入者，突然加入 ADSL 事業吧。應該會在計畫階段得到「沒有過去的事例，市場性也不透明」的結論，最後還是沒去做。

　　然而，軟銀卻顛覆了一般常識，將計畫轉移到「DO」。而且還是以超大的規模執行──準備 100 萬台數據機，開始在日本全國開始促銷活動。同業界的人應該都覺得是非常魯莽的挑戰吧。不過，軟銀的強項其實會在「DO」之後發揮出來。總

而言之，只要現在短期大規模執行，就能測出許多數字。統計
所有的實測值，再對照當初的商務計畫進行調整，組成新的數
字，也可以擬定更實際的計畫。意思就是說，「DO」了之後才
能擬定更精確的「PLAN」。倘若再高速執行這個循環，就能用
最快的速度抵達終點。軟銀的「PLAN」和只在頭腦中東想西
想，不去執行的桌上計畫，意義完全不同。

　　因此，在執行前擬定的計畫或目標只要是「暫時的」即
可。「要用什麼樣的廣告才能有效散播促銷活動？」這種事情，
用頭腦再怎麼想也不可能知道。既然這樣的話，就先擬定「用
宣傳單、網路廣告、計程車廣告來散播」這個暫定計畫，再用
小額預算一口氣執行這3種廣告即可。這麼一來，就能比較3
種廣告，也能計算成本效益。如果3種廣告的數值都不好，亦
能看出考量其他廣告的新選項。

　　然後，只要決定正式的預算分配，應該就能製作更實際、
更有速效性的「PLAN」。接著只要迅速執行，快速循環 PDCA
就行了。不要永遠停留在「P」，要儘快移到「D」。這就是讓數
值化獲得成果的鐵則。

7 試圖同時達成相反的兩個數字

　　商務上存在著「難以兩立的數字」。「營業額」和「信用度」就是其中一個例子。如果光是追求營業額成長，就會開始把商品或服務賣給信用度差的顧客。然而，如果信用度差的顧客增加，收不到應收帳款的風險就會增高。話雖如此，如果決定「只跟一定等級以上的顧客交易」，也能預見營業額的成長不理想，或是下跌。應該有很多公司面臨「如何調整這種『相反的兩個數字』」的課題。也有不少部署會因此產生對立。

　　以前面的例子來說，業務部會主張：「為了達成目標營業額，應該降低信用管理的基準。」會計部則會堅持：「要以降低未收帳款率為最優先。」如果各個部署都主張「這個數值比較重要」的話，公司內就會發生衝突，問題也越發複雜難解。說實話，這或許很難靠現場員工或經理解決。因此，必要的就是組織的最高層決定「現在以這個數字為優先」。

　　如果不這麼做，各部署就會分別追求自己的數字，結果以公司全體來看，最後什麼活動都是半調子、什麼目標數值都沒達成。現場人員當然會以自己的目標數值為優先。不過能正確判斷該以哪個數值為優先的，還是只有站在能看見全體數字的立場的人。

　　孫總裁看出「現在該以哪個數字為優先」的平衡感覺天賦異稟。該優先的數字會隨著工作階段變化。孫總裁很擅長正確洞察，並在絕妙的時機替換優先順序。在成立新事業的時期，最優先的就是「營業額」。能用的代理店或業者全都要用，總之就是要賣、拚命賣。這是還不清楚顧客需求是什麼的階段，所以要儘量拓展目標客層和地區，專心讓營業額成長。獲得一定程度的營業額實績，掌握市場環境和顧客需求後，接著就要提升「代理店品質」的優先度。

　　到了這個階段，就要確認每家代理店的客訴數量、計算申請服務到付費間每個過程的良率，將代理店的水準詳細數值化。然後再根據這些數值管理代理店的工作，如果數值還是沒有改善，就可以接著採取終止跟這些代理店交易等行動。假使一開始就嚴格管理代理店，現場的銷售人員或打工人員也會覺得煩，導致工作動力降低。這樣的話，就無法進行增加營業額的起跑衝刺了。

　　正因為「營業額」和「代理店品質」是相反的數字，才要採取「不同時追求數字，依照工作階段切換優先度」的戰略。在這裡，我們也能看出孫總裁看似魯莽，其實非常具有戰略性的獨特數字處理方法。煩惱相反的兩個數字時，錯開時機替換優先順序才是最實際的問題解決法。

8 陷入「數值化代謝症候群」

　　到此為止，我們看了 7 種「常見的錯誤數值化」。應該有很多人覺得「根本是在說我的公司和部署」吧？如果不改善這些問題，最終就會陷入「數值化代謝症候群」。無法解決問題，也無法達成目標的無意義數字不斷累積。若知道是無用的數字還能停手，要是變成長年的習慣，或是已經形成機制了，連數字無用都不會察覺。這就是數值化代謝症候群的實態。

　　容我再次重申，數值化不是免費的，一定要花成本。因此，數值化其實跟管理一樣，應該要思考成本效益。檢查零件品質的時候，要從 100 個中抽出 10 個當樣品，還是抽出 30 個，花費的人力和時間會產生 3 倍的差距。當然，只要檢查 30 個，品質會比檢查 10 個還高。想把品質的精確度提升到什麼程度？為此要花費多少成本？把這些當成終點倒回來算，看數字的平衡做決定，就是品質管理的基本。數值化也應該要比照辦理。沒有性價比，數值化亦無法成立。

　　正因為 IT 工具進化，能用低成本收集各種數字，我們才更要隨時注意該投入多少時間和人力。

　　從外商就任卡樂比（Calbee）老闆，讓該公司的業績大幅成長的松本晃先生實踐的也是消除「數值化代謝症候群」。在

雜誌《PRESIDENT》（2014 年 11 月 17 日號）的訪談中，松本
先生這麼說。

「2009 年當上卡樂比的會長兼 CEO 的時候，公司內的資
料多得令我驚訝。營業額數據、庫存數據、各地區數據、各商
品數據等，公司內的表單真的超過 1,100 種。不是 1,100 張，
是 1,100 種喔。甚至還有『4 天不眠不休才能看完所有資料』
這個讓人笑不出來的『公司內傳說』。」

松本先生並不是否定資料和數據本身。而是認為：「重要
的是鎖定需要的數據活用。」進行卡樂比的經營改革，他很重
視「營業利益率」（以下 MS Gothic 字體的部分節錄自網站「日
本的社長」的訪談。http://www.nippon-shacho.com/interview/in_
calbee/）。

「本來，卡樂比的營業利益率是 1.4％至 2％，偏低。目標
是食品企業的世界標準 15％，可是沒辦法一次成長這麼多。我
們先把目標設在 10％，思考達成的方法。（中略）要是下達一
大堆指示，員工會混亂。所以我就鎖定最重要的利潤。其中的
營業利益率應該比較好懂吧。

卡樂比曾在一段時期進行過『駕駛艙經營』，將每個事業
的龐大數據圖表化，每週更新，跟全體員工共享，是能活用於
各種判斷的手法。理論上來說是沒錯，不過太複雜了。跟噴射
機裡的一大堆儀表一樣，看不懂。現在則變成減少指標的『儀
表板』。汽車儀表板的儀表很少吧？駕駛人要確認的只有時速

表跟汽油量。」

　　松本先生實踐的正是「將終點明確化，再從終點倒回來算，判斷該計算什麼」的數值化工作術。要脫離數值化代謝症候群，像卡樂比這樣由老闆或接近這個位置的人排清楚數字的優先順序，就是最好的捷徑。話雖如此，也不是說現場的人什麼都做不到。只要注意我在第三章說明的「錯誤數值化」，靠現場的裁量應該也能減少相當多的數字。

9 陷阱❶　累積掩蓋的實情

　　數值化的力量強大，要解決問題，沒有什麼武器比數值化更厲害。只不過，就是因為擁有強大的力量，一旦處理方法錯誤，反而會看不見問題的本質或現場的實態，因此要特別小心。於是在本章的最後，我要列出 3 個「數值化的陷阱」。

　　我將第一個稱為「累積的魔法」。如果你是管理階層，在看屬下提出的數字或資料時，就必須特別小心這個魔法。原因就在於：在累積的數字或圖表背後，可能潛藏著更嚴重的問題。要說「累積會掩蓋實態，包覆問題」也不為過。

　　這個原因的本質就和本章「錯誤數值化❷」敘述的「分類方法太單純」是一樣的。在前面，我介紹了因為不將「持續性營業額」和「一時性營業額」分開，只看整體營業額，導致太晚發現問題的事例。「累積的魔法」也會引發相同的情況。請各位看一下以下某個事業部每月營業額的圖表。光看這個圖表，我們會認為最近 4 個月的營業額大致維持一定規模，沒有什麼大問題。

　　然而，如果分成每週營業額來計算，圖表卻截然不同。4 月和 5 月第 4 週的營業額幾乎沒有改變，但是到了 6 月，第 4 週的營業額卻占了 4 成，到了 7 月則變成 6 成。由此可看出快

到月底的時候，會累積滑壘數字的實態。

　　說不定是這個事業部的穩定收益來源客戶，因為某些問題或醜聞而與事業部斷了關係。為了填補因此下跌的營業額，業務人員到了月底便硬將商品推給批發商等，想辦法維持營業額——我們可以推測是這樣的狀況。

　　當然，批貨給批發商並獲得數字，只不過是一時的掩飾。接著會伴隨大量退貨、被收取高額利潤的風險，因此非常有可能在之後陷入更糟糕的事態。如果沒有分成每週計算數字，就會更晚發現這個問題，嚴重時甚至有可能無法挽救。

　　累積有「包含順利時的數字和敷衍了事的數字」這個陷阱。因此，光看累積的數字無法正確判斷「現在這個瞬間的現狀」。其實，一直以來都是一帆風順的事業或商品、服務開始惡化了，倘若只看累積的圖表，很難即時察覺這些變調。

　　為了讓真相從數字中浮現，在此別忘了「分類」的基礎是很重要的。只能按照每月、每週等時間或業務過程等適當的單位分類，管理每個單位的數字。中了累積的魔法，就無法正確掌握問題或實態，察覺時很有可能已經太晚了。相反的，只要適當分類，及早掌握問題，解決也能高速化。

　　孫總裁絕對不會放過「累積的魔法」。看穿這種魔法的眼力，或許不是一朝一夕能養成的，不過只要注意，一定可以鍛鍊。看到資料中出現「累積的數字」時，請各位在腦內貼上「特別注意」的標籤，再進行確認。

圖 3-2 累積圖表會掩蓋實態

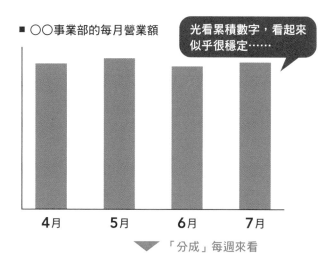

■ ○○事業部的每月營業額

光看累積數字，看起來
似乎很穩定……

4月　　5月　　6月　　7月

▼　「分成」每週來看

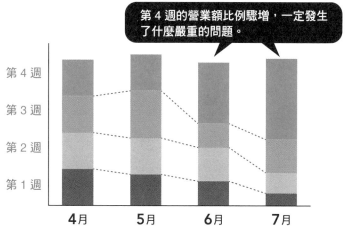

第 4 週的營業額比例驟增，一定發生
了什麼嚴重的問題。

第 4 週
第 3 週
第 2 週
第 1 週

4月　　5月　　6月　　7月

10 陷阱❷　平均造成的假象

　　和累積的魔法同樣常見的，就是「平均值的魔法」。常見的例子有「平均儲蓄金額」。根據日本總務省的數據，2 人以上家庭的平均儲蓄金額（2016 年）是 1,820 萬日圓。一定會有很多人覺得：「真的有那麼多嗎？」沒錯，這其中就存在著平均值的魔法。看了這個數據的分布圖後，可以看出儲蓄金額比平均值低的家庭有 67％，約是 2/3。只是剩下來的 1/3 的家庭儲蓄金額很高，才把平均值拉上來。

　　附帶一提，將儲蓄金額從低到高排列時，剛好位於正中央的「中央值」是 996 萬日圓，其中包含了零儲蓄的家庭。這個數字是不是比較貼近生活者的實際感受呢？

　　在工作和商場上都會出現同樣的平均值魔法。舉例來說，假設我們為了知道文件處理的速度，而想算出「平均處理天數」。這些文件的用途是顧客的信用審核，因此顧客郵寄填好資料的文件來，將這些資料輸入資料庫後，處理就完成了。

　　文件中的 90％都在 7 天處理完畢了。剩下的 10％則因為資料不齊全的關係，要求顧客重新郵寄，可是之後卻聯絡不到顧客，8 個月後都還沒處理完。這種時候，如果算出當下的「平均處理天數」會怎麼樣呢？

　　計算加權平均就是「7（天）×90％＋240（天）×10％＝30.3（天）」。意思就是說，平均之後，「1 筆文件的處理天數大約要花 1 個月」。可是，這個數字有意義嗎？90％的文件都能在比這個天數早很多的「1 星期」處理完畢，算出平均值反倒讓我們看不見這個成果了。另一方面，剩下的 10％別說平均值的 30 天了，過了 240 天的現在都還沒處理完。

　　本來應該要思考跟當事人確認事項的新方法，或是制訂「200 天以上聯絡不到當事人的文件就銷毀」等規則，不然就無法解決這個問題。然而，算出平均值 30.3 天這個數字後，看起來就好像所有文件都能在一個月處理完畢一樣。照這樣下去，剩下來的一成文件應該永遠無法處理，會一直囤積下去吧。這種時候，算出平均值是沒有任何意義的。

　　要讓算出來的數值有意義，還是必須明白終點，再從終點倒回來算。以這個案例來說，訂定「文件要在 1 星期處理完畢」這個終點就是先決要件了。只要決定好終點，就會產生分類「能在 1 星期內處理完畢的文件」、「超過 1 星期也處理不完的文件」並進行數值化的想法。以品質管理來說，分類成「良品」和「故障品」，分別計算各個數字或百分比，就可以正確掌握實態。算出平均值，就自以為已經掌握全貌——這正是「平均值的魔法」的可怕之處。各位要知道「沒有終點的平均值會掩蓋真相」。

11 陷阱❸　配賦的不公平赤字

　　公司的管理會計使用的術語當中，有「配賦」這個字。簡單來說，就是「將整個部門的共同費用分配給每個部署、分店、店鋪」。進行配賦可以正確管理各個部門或店鋪的損益。

　　舉例來說，假設有一間開了 10 家店鋪的公司。想要掌握各店鋪的收支時，光是單純計算各店鋪的營業額和利潤並不夠。每家公司都有統籌店鋪的總公司或總部，以及會計、人事、總務、資訊系統等間接部門或管理部門的存在。而間接部門或管理部門也會發生人事費或辦公室的租金、水電瓦斯費等費用。

　　只不過，這些部門並沒有營業額等利潤，所以無法單獨算出損益。因此，通常總公司部門的費用會以某些基準分配給 10 家店鋪，並在考量到這些費用的情況下掌握各家店鋪是否有獲得利潤。這就是配賦。如果不這麼配賦，就會發生「每家店鋪的收支都是黑字，但是公司整體卻是赤字」的矛盾。

　　此外，決定每個部門或分店、店鋪的目標數字時，如果計算成本中不包含總公司的費用，也無法適當設定營業額或利潤的標準。因此，配賦本身可說是能更正確地將公司的經營狀況或實力數值化的有效手段。

　　不過，問題就在於「用什麼基準配賦」。常用的方法有因應各家店鋪的營業額百分比或人數，分配總公司經費的方法。不管是什麼方法，只要符合公司的實態就沒問題。然而，要是在「為什麼要配賦」這個目的模糊不清的情況下，用利於總公司的基準進行分配，甚至會錯看整家公司的經營實態。

　　我擔任顧問的某家企業是根據分店的營業額進行配賦。可是，所有配賦的分店都變成赤字，一直得不到利潤。當然整家公司的業績也是赤字。他們找我商量後，我便詳細調查了數字，發現總公司的研究開發部門要花費億元單位的龐大費用。他們把這些費用全都分配給分店，然後吵著：「公司赤字，都是沒賺到利潤的分店的錯。」要是把這麼高額的費用全推給分店，不管現場再怎麼努力提升營業額，費用當然還是會高過營業額。總公司的做法簡直就像要小孩代償家長花的錢，還教訓小孩「是你花太多零用錢了」一樣。

　　於是，我建議不要依照營業額配賦總公司的費用，改成依照人數分配。研究開發部門有幾十位員工，所以只要「依照人數」配賦，這裡也會被分配到費用。由於研究開發部門不會產生直接營業額，若進行配賦，部門本身會變成赤字。即使如此，只要用這個方法，就能一眼看出研究開發部門花費了過多的費用。看了這個數字之後，接下來採取的行動只有一個——「縮小研究開發部門」。

　　如果把費用配賦給分店，所有分店都會變成赤字，整家公

司也無法脫離赤字的話，顯然就是費用過多了。因為費用的大半都是研究開發部門用的，不減少這裡的成本就無法獲得利潤。進行配賦的目的是「獲得利潤，達成黑字」。

　　部門或分店不能互相推卸赤字的責任，若要把總公司的費用分配給分店，就必須先確認這些費用是否真的能增加分店的營業額或利潤，不然是無法抵達終點的。

數值化的方法必須持續更新

　　相反的，有些情況則不適合依照人數進行配賦。如果在國外有分店的公司依照常駐人數將總公司的費用分配給分店，分店的費用負擔還是會過大。假使開分店的地點是東南亞或非洲等新興國家，即使是人數和日本國內一樣的分店，能達成的營業額也會比日本少一兩位數。

　　考量到市場或經濟環境，在日本有 100 億日圓規模的生意，在新興國家卻變成只有 1 億日圓規模，這也是莫可奈何的事。然而，如果還是依照人數配賦總公司的費用，營業額少的國外分店全都會變成赤字。這種時候，就跟前面舉的案例相反，要依照營業額配賦才適當。要是這樣仍然無法變成黑字，應該也能看見「或許應該重新審視進駐國外的這個地區本身的問題」等下一步的行動吧。

　　配賦算是經營層級的事，不過至少經理階層的人都必須注意。因為在不管怎麼努力，自己的部門或分店、店鋪的收益仍然不見好轉時，如果有「是不是配賦方法有問題」的想法，就能察覺數字的魔法。若能根據邏輯說明數值化的手法錯誤，也可以獲得重新審視配賦機制本身的機會。

　　無論是累積、平均值還是配賦，只要「為了什麼目的進行數值化」這個終點不明確，就有可能在無意識之間濫用數字。數值化理應是用來解決問題、達成目標的，但是也有可能阻礙個人或組織的成長、造成公司內部混亂。數字具有非常強大的力量。正因為如此，才不能弄錯使用方法。在本章的最後，我想再次告訴各位這一點。

第 **4** 章

要對數字很有概念，
必須知道的理論、法則

光是知道，工作成果就會大幅改變！

　　「每年持續成長 5%的公司，要花幾年才能讓營業額變成 2
倍？」這麼一問之後，如果有人立刻回答：「大概是 14 年吧。」
周圍的人們會怎麼想呢？是不是會覺得「這個人很擅長數
字」、「對數字很有感覺」而很佩服這個人呢？

　　只不過，這種時候其實跟對數字的感覺或聰不聰明完全無
關。這個人能立刻回答，是因為知道方便的「法則」。只要知
道前面開頭的問題是「72 法則」，連國中生都能馬上答出來。

　　就像這樣，有幾個和數字有關的理論和法則是只要知道，
就能一口氣提升思考的品質和速度。是否知道這些理論和法
則，也會大幅左右解決問題的速度。其實，各位應該都曾在高
中大學的課堂上聽過其中的大半。可是在學生時代，學校並不
會教導這些理論和法則如何在實際生活派上用場，所以幾乎所
有人都不記得這些內容了吧。因此，我會在這一章舉出商務或
工作上常見的貼身煩惱當例子，解說理論和法則的實踐性使用
方法。另外，孫總裁比任何人都能有效活用著些理論、法則。
就讓我一併介紹軟銀如何在經營上運用這些理論和法則吧。

1 大數定律和期望值
如何甩出有利的骰子點數

常有年輕人找我商量職業或未來方向。其中特別多的就是「煩惱該不該創業」的諮詢。「如果自己開公司的話，不知道成功的機率有多少。所以無法決定是要毅然創業，還是到公司上班。」這種時候，我一定會告訴他們「大數定律和期望值」。

「大數定律」是機率論的基本定律之一。簡單來說，就是**「嘗試的次數越多，該事物實際發生的機率就會越趨近理論值」**。舉例來說，甩骰子的時候，一開始可能會連續出現好幾次「1」，不過連續甩了 1 萬次、10 萬次之後，「1」出現的機率就會趨近理論值──1/6。意思就是說，嘗試的次數越多，理論值和實際執行的結果會變得幾乎相同。

另一方面，「期望值」則是嘗試一次後預估的結果。假設用骰子玩遊戲，可以獲得跟甩出的點數相應的價錢。金額是「1點」1 萬日圓、「2 點」2 萬日圓、「3 點」3 萬日圓……依此類推。用大數定律來思考的話，6 個點數出現的機率分別都是1/6。這種時候，「甩一次骰子能獲得多少錢」的預估金額會用下列的方式計算。

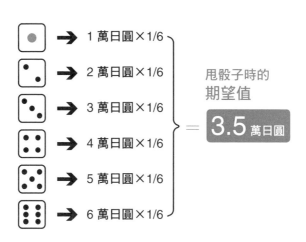

圖 4-1 甩一次骰子能得到多少錢？

「（1（萬日圓）×1/6）＋（2（萬日圓）×1/6）＋（3（萬日圓）圓×1/6）＋（4（萬日圓）×1/6）＋（5（萬日圓）×1/6）＋（6（萬日圓）×1/6）＝3.5（萬日圓）」

這個「3.5 萬日圓」就是骰子遊戲的期望值。當然，骰子只能甩一次，所以結果可能會是最少的 1 萬日圓，也有可能會是最多的 6 萬日圓。不過，如果持續甩骰子到大數定律發揮作用，結果就會無限接近 3.5 萬日圓。

只要掌握這個期望值，就能用數字想像自己接下來要採取的行動會帶來什麼結果。意思就是說，「大數定律和期望值」可以成為決定是否要採取下個行動的判斷參考。

「創業成功的機率及期望值」之後？

接下來，就讓我們用「大數定律和期望值」思考一下「該不該創業」這個煩惱吧。只要理解大數定律，就能輕鬆計算「創業後成功的機率及其期望值」了。

在日本，2012 年到 2014 年的一年平均創業的公司數是 180,429 家。有些年度甚至超過 20 萬家（根據日本經濟產業省 2017 年度版「中小企業白書」）。

另一方面，股票新上市的公司在 2016 年僅有 83 家。不只有東證一部、二部，這個數字還包含了 Mothers 和 JASDAQ。換句話說，如果將「創業成功」設定為「股票上市」，成功的機率大約是「80（家）÷20（萬家）＝1/2500」。初創企業投資世界常說「千三」（投資 1,000 家公司只有 3 家會成功），實際上的機率其實比這個數字低多了。

接著，我們再計算一下「期望值＝創業後的預估結果」吧。初創企業的股票上市時，很多企業估值都是大約 100 億日圓。假設老闆擁有 51％的股份，資產總額是 51 億日圓。以剛才的骰子遊戲來說，就是「甩出相應的點數就能獲得 51 億日圓」。那麼，如果在這裡導出期望值的話，又會怎麼樣呢？

答案是「51（億日圓）×1/2500≒200（萬日圓）」。也就是說，即使實際創業且股票上市了，老闆能擁有資產也只有

200 萬日圓而已！而且，這是自家公司的股票，所以能兌現來用的應該連其中的幾成都不到。

意思就是說，期望值只有幾十萬日圓的現金收入。相對的，到企業上班又會是什麼情況呢？根據日本國稅廳的民營薪資實態統計調查，這 10 年左右，民營企業的上班族平均年薪約在 400 萬日圓到 420 萬日圓間推移。

假設年薪有 400 萬日圓，連續工作 10 年不離職，能獲得的金額是 4,000 萬日圓。在這個階段，期望值就已經達到創業的 20 倍了。如果在薪資水準高的大企業或知名企業上班，估計會有更高的期望值。

根據 2015 年的調查，約 3,000 家上市企業的平均生涯年薪是 217,850,000 日圓。若縮小範圍到排名前 10 的公司，平均生涯年薪超過四億日圓。200 萬日圓 v.s. 2 億日圓。看了這個比較之後，就能得知成立初創企業這個選擇的期望值有多低了。

若超過大數定律範圍，創業也可列入選項

如果說只能放棄創業，到公司上班，其實也未必。知道期望值，不過是確認「用一般的方法，就會變成這樣」的概要作業。在理解概要之後，再思考「要如何脫離大數定律，靠自己提升成功的機率」，只要能確信「這麼做的話，就能大幅超過期望

值」，選擇創業之路也無妨。我都是這麼建議年輕人的。

　　假設有一個甩骰子的遊戲，甩出「1 點」就算贏的話，一般的勝率是 1/6。不過，只要製作有 2 或 3 面「1 點」的骰子，勝率就會提升 2 倍、3 倍。或是讓骰子變形，動手腳使「1 點」更容易出現的話，勝率或許還能變得更高。意思就是說，在其他人甩一般的骰子時，只要你自己甩容易出現「1 點」的骰子，就能超過大數定律作用的範圍了。

　　若將這個方法用在創業上，在成立公司時獲得有利的技術或經驗、資金或人脈等，就能使「1 點」出現的機率不斷升高。倘若學生時代就已經得到這些東西了，也可以選擇不就業，直接創業。不過，要是覺得自己還沒得到有利的骰子，也可以選擇先到企業上班，累積經驗、建立人脈，等到自覺「這樣應該能成功」的時候來臨，再創業。不管怎麼說，重要的就是先正確看清「現在的自己是否能徹底脫離大數定律」，再做決定。

　　株式會社 LITALICO 的執行長長谷川敦彌也是曾來找我商量創業問題的人之一。這家公司是從事障礙人士就業支援事業、孩童學習教育事業的初創企業。經歷 Mothers 上市後，在2017 年 3 月成功晉升到東證一部。長谷川先生在大學時代來找我，說：「我不知道要在畢業後馬上創業，還是先到大企業上班。」

　　於是，我便跟他說了「大數定律和期望值」，結果長谷川

先生選擇進入初創企業 LITALICO（當時的公司名稱是
WINGLE）上班。還是學生的他，並沒有足以立刻創業並獲得
成功的技術和經驗。話雖如此，他也不想在大企業工作到退
休，確保億日圓單位的生涯年薪。既然這樣的話，先到已經起
步的初創企業上班，並在短期間創造實績，立志坐上經營人的
座位，不也是脫離大數定律的方法嗎？

　　這麼判斷的長谷川先生得到了非常棒的骰子。他進公司的
時候，該公司的商務模式已經開始運作，營業額也已成長到 6
億日圓規模。在這個階段，期望值已經大幅超過從零開始創業
了。接著，長谷川先生以超快的速度吸收初創企業營運技術，
進公司 1 年 3 個月後，就當上了總裁。他活用這段期間培養的
經驗和人脈，將曾是赤字的經營轉換為黑字。順便告訴各位，
他當上總裁沒多久，就委託我當公司外董事，協助他進行黑字
化。就像這樣，長谷川先生讓自己的骰子不斷變形，更容易出
現「1 點」，提升了成功的機率。

孫總裁都甩「有利的骰子」

　　徹底執行這個「骰子變形」戰略的孫總裁，無人能出其
右。只要在自己成長領域內，就能甩出有利的骰子——這是孫總
裁不動如山的基本理念。只要自己所在的市場本身持續成長，

就很容易甩出理想的點數。

孫總裁會選擇 IT 領域，是因為遵從了「摩爾定律」。這是「半導體的積體密度會在 1 年半到 2 年倍增」的經驗法則。這是英特爾（Intel）的共同創始人戈登・摩爾在 1960 年提倡的定律，至今仍未被推翻，IT 的世界持續進行技術革新。

連結網路和物品的 IoT 登場，IT 技術涵蓋的範圍不斷擴張。正因為如此，孫總裁才確信「IT 業界會永續發展」，堅持讓軟銀一直待在這個領域。

2016 年，軟銀用 3.3 兆日圓的史上最高鉅額收購了英國半導體設計公司安謀（ARM），引起熱烈討論。這當然也是為了在將來也能持續待在成長領域的戰略。今後的 IT 業界最大的市場擴張，估計還是 IoT。

電腦及 Ipt 領域的驅動程式裝置開發要花費兩年左右的時間，而決定規格的就是半導體設計公司。因此，只要獲得安謀，就能預見這個業界的兩年後。要在競爭中勝出，沒有比這更有利的骰子了。不只有收購安謀，孫總裁經常透過獲得「能預見未來的資訊」，將骰子變成對自己有利的形狀。

軟銀能搶先一步和美國雅虎聯手，就是因為收購了當時美國最大的 IT 資訊媒體企業「Ziff Davis」和全球最大規模的電腦資訊展「COMDEX」，建立業界最新資訊都會在自己手邊集結的體制。所以才會知道剛創業沒多久的雅虎，搶先決定出資。總而言之，這就是可以預知「下注在骰子的哪個點數才會

賺錢」。

收購安謀的金額之高，震驚了社會，不過對孫總裁來說，這也是確信「能夠遠遠超過期望值」。就是因為知道可以獲得超過付出的 3.3 兆日圓的結果，才能認真說：「很便宜。」IT 領域本來就估計會有每年 15% 的成長，再加上孫總裁能用比所有玩家都有利的條件甩骰子，他的骰子就像 6 面之中有 4、5 面會出現能成功的「1 點」一樣。**看在外人眼裡，大家大概都覺得軟銀在做莽撞的挑戰，但軟銀其實是只玩勝率非常高的遊戲。**

就像這樣，「大數定律和期望值」會在必須進行重大決斷時派上用場。不只有創業的判斷，例如自家公司要開發新商品的時候，應該也能預測未來會發生的情況。假設從過去的經驗來看，自家公司新商品成功的機率是 10%，營業額最高的同類型商品銷售實績是十億日圓左右。在這個情況下，期望值就是「10（億日圓）×10％＝1（億日圓）」。只要掌握這個數值，就能具體想像未來，還可以進行大概的成本計算，例如「如果期望值是一億日圓，可以花多少預算」。

若覺得「1 億日圓太少了」，亦能思考「如果要獲得 10 億日圓的營業額，成為銷售冠軍，該如何使骰子變形」等戰略。**「大數定律和期望值」可以成為對不確實的未來進行預測，並用利於自己的方式控制的工具。**

2 鮭魚卵理論

如何用低成本持續「亂槍打鳥」

使骰子變形，提升成功機率是很重要的，但不能就此滿足。就算是 6 面當中有 4 面是「1 點」的骰子，如果只甩 1~2 次，還是會出現其他的點數。因此為了成功，重要的就是「骰子要一直甩到目標的點數出現為止」。

骰子的成功機率很高，有 1/6，所以或許可以不死心地一直甩。可是，如果換成我在上一節舉的例子——投資初創企業，成功的機率連「千三」（千分之三）都沒有，還會更低，這就是現實。

軟銀其實也投資了非常多的初創企業。到目前為止，應該已經攀升到大約 1,000 家企業了。投資了這麼多，說得上獲得極大成功的只有雅虎、阿里巴巴及工合（GungHo）而已，所以真的是「千三」。

根據這些過去的事例和孫總裁的教誨，我對生意的成功率提倡「鮭魚卵理論」。據說鮭魚一次產卵會產出 2,000 至 4,000 顆卵，然而成長之後回到河川的鮭魚卻僅有兩尾。這是因為如果有太多鮭魚回來，河川會客滿，導致棲息環境惡化。話雖如此，要是少於 2 尾，鮭魚就會滅絕。因此，為了穩定地保育物種，2 尾是最適合的數字。就像這樣，生物的世界是以多產多

死為前提維持均衡的。

　　換句話說，這也證明了存活下來的少數個體很優秀。投資初創企業也一樣。雅虎、阿里巴巴及工合在大半企業都註定會消失的初創企業的世界存活下來了──正因為是如此優秀的公司，才能大獲成功。反推回去，如果想抽到這麼大的獎，就一定要以大半的初創企業不會存活下來為前提，儘量投資許多企業。孫總裁就是知道這一點，才會不死心地一直甩骰子，直到甩成功為止。

降低「抽獎的成本」

　　就像這樣，在商務世界「能不能持續到中獎」就是成功的關鍵。那麼，要如何實踐「亂槍打鳥」呢？我舉「抽獎箱」當例子，各位就能輕鬆理解這個答案了。請各位把商務或工作成功想成「從抽獎箱抽到中獎券」。如果箱子裡裝了 100 張抽獎券，而且付 100 日圓只能抽 1 次的話，成功機率只有 1%。但是，如果將你手頭上的 10,000 日圓全都用來抽獎，就可以把 100 張全抽出來，所以一定會中獎。孫總裁投資很多初創企業的想法，也和這個一樣。

　　話雖如此，若要一直抽獎到中獎為止，比起不經大腦地隨機抽獎，選擇中獎券張數多的抽獎箱比較有利。相較於 100 張

之中只有 1 張中獎券的抽獎箱，每 50 張就有 1 張中獎的抽獎
箱，成功機率會比較高。因此，剛才的答案就是「選擇中獎券
比較多的抽獎箱」。同時也必須「降低抽獎的成本」。

在手頭上只有 1,000 日圓的時候，1 次 100 日圓的抽獎箱
只能抽 10 次，1 次 50 日圓的抽獎箱則可以抽 20 次。倘若在中
獎之前用完手頭上的資金，遊戲就結束了，所以降低抽 1 次獎
的成本在實踐「持續抽到中獎」上，是非常重要的。

孫總裁不是「預知未來的天才」

投資初創企業時，為了實踐「選擇中獎券較多的抽獎
箱」、「降低抽獎成本」的規則，孫總裁採取的戰略是成立合營
公司。合營公司是由多家公司出資，所以軟銀單方只要出最低
限度的資金即可。另外，他還將合營的對象鎖定在「股票在美
國上市，市值 3 千億日圓以上的 IT 企業（1990 年代時）」的
範圍內。正是像這樣降低成本，同時選擇中獎券很多的抽獎
箱，不斷持續抽獎，才會抽到雅虎這個大獎。軟銀常被說是
「時光機式經營」，很多人都覺得孫總裁是能預知未來的天才，
不過要近距離待在他身邊的我來說，才沒那麼一回事。**孫總裁
厲害的地方，反而是以「誰都無法預知未來」這個事實為前提來
思考事物，有邏輯地擬定戰略，確保成功率。**這個「抽獎箱」的

想法也可以應用在業務工作上：

1、找出中獎較多的抽獎箱→看清購買機率比較高的顧客
2、降低抽獎的成本→思考花費最少勞力和時間向顧客推
　　銷的方法
3、不斷抽獎→之後仍不斷向顧客推銷

　　只要如此實踐抽獎箱規則，成功機率就會猛然提升。業績一定會比什麼都不想，只是一股腦兒照著顧客清單從上往下打電話的人，或是不管有沒有機會，在一名顧客身上花費大量時間的人還高吧。因此，即使同樣都是「亂槍打鳥」，應該還是可以得到比其他人更確實的成果。

3 72 法則

讓「複利的力量」站在你這邊

「我很擔心自己上班的公司的未來。」最近似乎有不少人抱著這樣的不安。這是連東芝都陷入經營危機的時代，會這麼想也是理所當然吧。找我商量同樣煩惱的人也增加了。

這種時候，我會先問對方這個問題：「你公司業界的成長率是多少？」只要知道業界的成長率，就能大概看出這個人上班的公司有沒有未來。公司將來能不能成長，有相當程度要仰賴業界的規模。

簡單說來，只要業界全體擴大，隸屬於該業界的公司也很容易成長。相反的，如果業界全體縮小，隸屬於該業界的公司也很容易衰退。換句話說，就是「**自己搭的是往上的電梯？還是往下的電梯？**」。搭到往上的電梯，就算自己不動腳，也會自動上升。搭到往下的電梯時，不管多努力靠自己的腳往上爬，現在所在的位置也會不斷下降吧。因此，我會先確認對方所在的業界是正成長還是負成長。

有個剛出社會的年輕人來找我商量，這個人待的業界過去5 年的平均成長率是-2％，我就會毫不猶豫地建議他跳槽到其他業界。各位或許會覺得：「只因為-2％就放棄？」可別小看這個數字。畢竟年平均成長率不是「單利」，而是「複利」。單

利和複利的差異，常會用計算利息的案例來說明。

　　假設本金是 100 萬日圓，以年利 10% 運用。若是單利，只有本金會產生利息。因此，第一年的利息是「100（萬日圓）×10%＝10（萬日圓）」。之後也是每年分別產生同樣是 10 萬日圓的利息。

　　另一方面，複利則是由「本金＋利息」產生利息。第 1 年的利息和單利一樣，是 10 萬日圓，第 2 年的算式就會變成「[100（萬日圓）＋10（萬日圓）]×10%」，產生 11 萬日圓的利息。第 3 年則是這筆利息再加上本金計算，變成「[110（萬日圓）＋11（萬日圓）]×10%」，產生 121,000 日圓的利息。

　　意思就是說，如果是單利，每年只會增加固定金額，複利則是在每 1 年過後，利息會像滾雪球一樣越來越多。若是第 2 年或第 3 年，各位或許會覺得沒什麼太大的差距吧。可是，30 年後呢？單利的話，「本金＋利息」的總計是 400 萬日圓，但複利竟然是 17,449,402 日圓！差距擴大到 4 倍以上。也就是說，越是長期，就越容易發揮複利的效果。

　　這個是資產運用的例子，不過以市場和業界、公司的成長率來說，同樣的算式也能完全成立。前面提到的「-2%」如果看成單利的數字，感覺可能沒那麼大。可是，業界的成長率是複利的數字。負乘負的相乘效果，就會像滾雪球一樣，導致負的幅度越來越大。就像這樣，即使是從單利看來很小的負數，用複利的思考方式觀察 10 年、20 年的長期距離，其實會變成

超乎想像的大負數。

不能待在「持續負成長的業界」！

　「對了，你先教我們關鍵的複利計算方法啦。」我幾乎可以聽到這樣的意見，不過各位不用刻意去做困難的計算。有可以輕鬆幫忙計算的網站，只要用這個網站，就能立刻得到答案（高精度計算網站「keisan」http://keisan.casio.jp/menu/system/000000000050）。

　若覺得「我不用算得那麼正確，只想預測自己待的業界大概的未來」，還有更方便簡單的心算方法。那就是「72 法則」。只要使用這個法則，就能立刻心算出「**要花幾年才能讓現在的營業額變成 2 倍**」。方法很簡單，只要用年平均成長率的數字除「72」即可。若是一年成長 8%的公司，「72÷8（%）＝9（年）」就是「營業額變成 2 倍所需的年數」。這只是近似值，不過進行正確的計算後，答案也會是幾乎相同的數字。

　運用這個公式，也可以算出「為了達成目標，每年必須成長多少百分比」。舉例來說，「現在的營業額是 10 億日圓，想在 5 年後擴大到 2 倍，20 億日圓」，就用「72÷5」計算。這麼一來，就可以馬上算出答案：必須要有「每年 14%左右」的成長。

圖 4-2 輕鬆幫忙計算複利的網站

高精度計算網站 「keisan」http://keisan.casio.jp/

金錢計算

複利計算（經過年數）

5%的複利下

100 萬日圓要變成 2 倍的

200 萬日圓，需要

花 14.21 年

跟 72÷5=14 年　幾乎一致

　　像這樣用「72 法則」計算，很容易就能掌握自己待的業界或公司的未來模樣。若是像前述的 IoT 領域一樣，1 年持續成長 15%的業界，不到 5 年，市場規模就會變成 2 倍。

　　問題是負成長。讓我們回到本節開頭的諮詢，我來說明一下為什麼「如果業界的平均成長率是負-2%，我就會毫不猶豫地建議剛出社會的年輕人跳槽到別的業界」吧。使用「72 法則」，馬上就會知道原因了。

　　這個情況是負成長，所以用「72÷2」計算，就會知道「營業額變成 1/2 所需的年數」。當然，答案是「36」。也就是說，「36 年後，業界規模會變成 1/2」。容我引證一下，舉例來說，報紙業界的成長率現在剛好是-2%。

　　2015 年度的業界全體總營業額約是 1 兆千億日圓，所以我可以大概預測：到了 2051 年，業界規模會減半到 9 千億日圓。這個事實是不是有點令人震驚呢？在業界規模減半的情況下，公司可不是辛苦一點就能存活下來。能存活到現在 20 幾歲的人迎接退休時的公司，應該是極少數吧。我會建議年輕人跳槽，就是因為這樣。話雖如此，要是已經是中堅員工，跳槽就沒那麼容易了。

　　應該會有人不想放棄在這個業界培養的經驗和技術，也會有人因為家庭或個人因素而難以跳槽到別的公司。那待在負成長的業界的人，難道只能這樣跟大家一起沉下去嗎？其實不然。即使業界全體都在走下坡，再分成較細的部門時，也會有

部分成長的領域吧？

　　報紙業界也一樣，如果單看電子版，市場規模正在擴大。既然這樣的話，採取強化這個領域，擴大營業額的戰略，或許也會成為一個存活下來的策略。或者，也可以是開發「發布著重於 IoT 資訊的新聞服務」這種組合「成長部門×成長產業」的新服務等方法。

　　不管怎麼說，重要的就是脫離複利的負能量。也就是及早離開往下的電梯，換搭往上的電梯。對於「擔心公司的未來」這個煩惱，答案只有這樣。

了解複利的強大和可怕！

　　軟銀也會隨著時代不斷換搭電梯。雖然軟銀是遵從「摩爾定律」，一直待在 IT 業界這個大領域裡，但其實也搶先別人一步發現了其中成長最多的部門。從銷售軟體開始，接連換到出版電腦雜誌、ADSL、行動通訊、機器人，現在又因為收購了安謀，試圖換搭 IoT 這台「往上的電梯」。能夠不停留在一個地方，如此輕盈地持續換搭電梯，就是因為孫總裁比誰都深刻理解複利的力量有多厲害。

　　「了解複利的強大和可怕！」這是孫總裁的口頭禪。立志達成 1 年 10%的成長，跟安於 1 年 1%的成長，以複利的效果

來看，10 年、20 年後會產生駭人的差距。就是因為深刻了解到這一點，孫總裁才會堅持一直待在成長領域。

題外話，在思考日本這個國家的成長時，也不應該忘了複利的效果。日本的經濟成長率長期持續低迷，2016 年度的實質成長率是 1.2％。反觀同年度的中國實質成長率，則有 6.7％。以單年度來看，差距是 5.5％，如果這個數字以複利持續 1/4 世紀，又會如何呢？假設現在日本和中國的國內生產毛額都是「100」，25 年後的日本會是「135」，中國則是「506」，成長率產生 370％的差距。這個差距，就是讓日本在全球相對貧窮的原因。

在 2016 年時，日本一個人的名目國內生產毛額排名世界第 22。從 1980 年代中期到 2002 年為止，一直都是一位數，之後排名就一口氣掉下來。其背景應該是日本人對「複利的力量」的認知太淺薄吧？

日本人是農耕民族，基本上都是用「每年會收穫多少稻米」這種單利的思考方式，年年埋頭苦幹累積成果的想法根深蒂固。所以，現在的企業也很重視單年度的業績，容易有「只要不比前年度低就好」的想法。

可是，現代資本主義社會是靠複利的理論在運轉的。不只單年度要有正成長，還要每年持續成長，擴大資本，利用複利效果不斷讓公司全體膨脹——像這樣任何事都用複利思考，才是國際標準。為了脫離低成長，讓日本經濟重拾活力，現在更必須具備複利的想法。

4 邊際效用遞減法則

不管什麼樣的烤肉，美味程度都會慢慢降低

　　唐突請問一下：各位是否曾去採草莓、摘葡萄？或是燒肉吃到飽呢？這些「不管吃多少都一樣價錢」的服務，即使一開始會感動地覺得「好好吃！」，一直吃之後，就會吃飽、吃膩。結果，明明那麼好吃的食物卻不再有魅力，甚至讓你覺得：「我再也不想看到了……」應該有很多人有過這樣的經驗。

　　在個體經濟學中，這叫做「邊際效用遞減法則」。字面上看起來很複雜，總之就是「**每當量增加，每個單位的效用（邊際效用）就會逐漸減少（遞減）**」。

　　無論是具有多棒效用的商品或服務，都不能無限享用。一旦增加吃或買的量，得到的滿足感也會確實降低。符合這個法則的不只有事物或嗜好品的消費。其實，商務或工作上和「量」有關的事物，非常多時候都符合這個法則，經濟是指「投資獲得效用的活動」。可是，投資量增加的結果，常會使每個投資單位的效用降低。舉例來說，假設要為了促銷自家公司的商品而刊登網路廣告。

　　在交給某個網站刊登後，一開始得到很高的效果，但數值逐漸降低——這是很常見的事。在廣告顯示次數是 100 萬次以前，購買商品的人數不斷增加，然而增加到 200 萬次後，購買

的人數卻沒有變成 2 倍。會發生這種現象，就是「邊際效用遞減法則」的作用所致。

　　無論是多有效的網路廣告、網站，瀏覽網站的人數是有限的，所以「第一次看到這個網路廣告」的人數會隨著廣告出現的次數而逐漸減少。這麼一來，購買商品的新顧客人數當然會在某個階段到達極限。

　　業務委外時也符合於這個法則。我在軟銀的時代，將客服中心的業務委外的時候，也常實際感受到這一點。把工作發給某家代理店後，獲得很好的成果，所以就請對方增加接線生的人數，結果工作品質暴跌。

　　接線生在 300 人以內的時候，工作明明很順利，一發出 500 人規模的業務之後，就突然接二連三地發生「徵不到優秀人才」、「每個人的業務量增加，所以離職率變高」等問題。原以為發出業務的規模擴大到 1.5 倍，成果也會變成 1.5 倍，沒想到完全不是如此。我深深地體會到，連這種情況都符合「一旦量增加，每單位的效用就會下降」這個法則。

　　不僅如此，個人的工作也符合邊際效用遞減法則。我寫稿的時候，在超過 2,500 字之後，邊際效用就會明顯變低。聽起來好像很帥氣，不過總而言之，就是我覺得厭煩，無法專心了。當然，每小時的字數和文章品質也都降低了。在每天的工作當中，這個法則也會發揮作用。

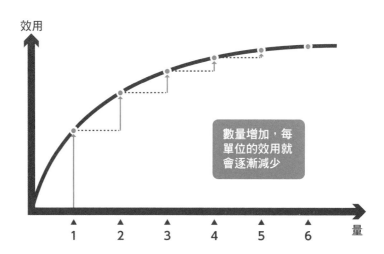

圖 4-3 邊際效用遞減法則

　　因此，在工作或商務上發生「明明量增加了，為什麼不順利」的情況時，請各位回想一下邊際效用遞減法則。這或許可以讓你看見解決方法。以剛才的例子來說，就是試著換掉刊登網路廣告的媒體或委外業務的代理店。在工作上，如果覺得「明明投入的成本增加了，產量卻沒有成長」，就斷然停下這個工作，試著去做別的工作。這麼一來，就有可能再次獲得期待的效用了。

　　「邊際效用遞減法則」可說是所有事物背後的普遍真理。為了提高工作的生產性，各位也一定要記住這個法則。

5 鄧巴數字
超過 200 人就分組

　　上一節介紹的「邊際效用遞減法則」是指數量增加，每單位的效用就會逐漸減少。另一方面，有時候也會發生「規模不經濟」作用，導致數量增加到超過一定水準後，效用反而轉變成負的。

　　舉例來說，初創業界也常說「300 位員工是一道牆」。從創業開始一帆風順地成長的公司，也會在超過 300 人規模後，突然變得難以管理。

　　員工人數少的時候，彼此會有夥伴意識，能在維持很高的動力下，朝著同樣的終點工作。所以就算放著不管，組織也會自動成長。

　　然而，一旦員工超過 300 人，不知道彼此長相或名字的員工增加，公司會開始失去一體感。公司內的溝通變得不順利，業務上也開始發生各式各樣的問題。於是，為了不讓組織四分五裂，能不能切換成跟過去完全不同的管理手法──這就是員工超過 300 人的公司是否還能擴大的牆壁。

　　像這樣「數量增加反而導致負面狀況發生」的情況，在商場上並不少見。這不是單純的經驗法則，而是有理論佐證的。這個理論就是「鄧巴數字」。這是英國人類學家羅賓鄧巴

（Robin Dunbar）提出的假說。他主張「能維持穩定團體的個體數有上限」，所以這個上限值就被稱為「鄧巴數字」。

　　鄧巴指出，人類維持穩定人際關係的界限是「平均 150 人（100~230 人之間）」。這應該是各位能憑感覺接受的數字吧？不論是國小還是國中，假設 1 班有 30 人，共有 5 班的話，各位應該能記住所有同年級學生的長相和姓名吧。可是，如果變成 8 班、9 班，要認識同年級的所有學生就很困難了。

　　我知道的某家初創企業也從員工超過 150 人的時候開始，組織內的一致性明顯變差，所以現在會定期召集全體員工，舉辦活動，以期促進彼此之間的溝通。雖然人數和我一開始提到的「初創企業的 300 人極限說法」有點差距，但是不管怎麼說，有「團體的上限值」存在是錯不了的。

減少成員數，溝通就會穩定

　　知道鄧巴數字之後，能在商務、工作的什麼場合派上用場呢？那就是「在很多人工作的職場上，組織運作不順利時」。這種時候，組織人數有可能會超過鄧巴數字。因此，將組織分割成鄧巴數字以內的團體，這樣的方法即可發揮效用。

　　「Yahoo! BB」的客服中心在巔峰時期雇了 3,200 名接線生。業務本身是委託代理店處理，但因為代理店很少，一家代

理店會用到 400~600 人。可是，人數這麼多的話，真的很難徹底管理。不僅現場的經理無法完全掌握所有員工的技術和工作情形，人數增加也會導致人際關係的糾紛比較容易發生。**伴隨職場環境惡化，員工會接二連三地離職，招募新人和教育的成本也會增加。**

　　說真的，這是很嚴重的狀態。當然，我也被迫得改善這個事態。當時我還不曉得鄧巴數字，但是聽過「初創企業的 300 人極限說法」，所以認為：「這些混亂的原因應該是組織人數增加過多吧。」於是，我決定將每 200 人分成一組來分派業務。

　　我的想法是「如果初創企業超過 300 人就會發生問題，那就試著減到 200 人以下吧」，後來想想，這個數字也確實是在鄧巴數字的「100~230 人之間」。結果，現場管理變得更容易，辭職的人減少了，接聽電話的品質也穩定下來。「根據鄧巴數字分割組織」這個方法，果然很有效。

　　這可以運用在各式各樣的情況。我的公司營運的英文學習事業「TORAIZ」就將一間教室 200 名學生設為標準規模。若是這樣的人數，本公司的顧問也能記住所有學生的長相和姓名。即使不是自己直接負責的對象，也能對所有來教室的人說：「○○，你很努力喔！」學生也比較容易維持動力。

　　除此之外，學生們還能輕鬆記得彼此的長相和姓名，以同是學習夥伴的心態溝通。實際上，我們舉辦學生交流會的時候，出席率也相當高，結交夥伴帶來讓學生的學習意欲更高的

效果。因此，我們才會刻意採取不增加一間教室人數的方針。

就像這樣，在構成組織方面，鄧巴數字能在不少情況派上用場。尤其是站在管理立場的人，請務必要有效活用。

6 神奇的數字 7
一名主管只看得見 7 個下屬

　　即使利用鄧巴數字將團體的人數壓到 150 人或 200 人以下，要靠一名經理直接管理這樣的人數是不可能的。經營人常會抱怨「沒有優秀的經理」，但是不管能力多強的人，能看見的範圍也有限。

　　那麼，一位經理能全面管理的人數上限是幾個人呢？我認為是 7 個人。這當然也是有理論佐證的。其中之一，就是「神奇的數字 7」。這是由美國認知心理學家喬治・米勒（George Armitage Miller）所提出的「人類的短時記憶容量約是 7 個單位上下」的法則。

　　將一堆硬幣散在桌上時，人能在瞬間認知的大約有 7 個。一旦超過這個數量，就算硬幣就在眼前，人也很難在乍看之下掌握硬幣的個數。

　　經營學上也有「控制幅度（span of control）」這個字，代表的意思是「一名主管能直接管理的範圍」，而人數則是「最多 7 個人」。這些理論告訴我們的，就是「人很難處理超過 7 以上的大數字」這個事實。一星期有 7 天大概也是依循了這個原則吧。對我們人類來說，以「7 個單位一組」的週期運作是最自然，也最容易接受的。

　　如果你是經理，而且覺得「團隊工作不順利」、「沒辦法徹底照顧屬下」的話，就試著將自己直接管理的人數減到 7 人以下吧。若你管理的團隊有 30 個人，就從其中選出 5 個人當副理，再分別將 6 名成員分配到這 5 位副理手下，讓 5 位副理來管理這些成員。這麼一來，站在團隊最高層的自己也能在可以靠自己掌控的範圍內，管理下一階層的 5 個人。

　　「Yahoo! BB」的客服中心也是採用多層構造，一共分成 13 個小隊，這些單位下方又有幾個小組，小組的下方則是在現場工作的部隊。像這樣分成人數少的組織，再指定小隊長、小組長、部隊長，管理也會變得更容易。

　　只要人數少，即使是管理能力沒那麼好或沒什麼經驗的人，也能輕鬆營運整個團隊。就算不特別去找管理能力強的人，應該也足以靠現有的人才推動團隊，交出成果。

　　思考擴展新店時，意識到「7」這個數字也能有所幫助。即使業績很好，如果不經大腦地一直增加分店，只會讓總公司無法充分管理現場。

　　這麼一來，總公司的指導和支援就會不夠周密，現場錯誤百出，陷入服務品質降低，顧客流失的惡性循環。勢頭極佳的餐飲或零售初創企業就常發生這樣的情況。

　　因此，最好能以「如果東京的分店數量增加，就分成兩個區域，分別指派區域組長」、「如果在東京開店的區域增加，就再分成兩個區塊，分別指派區塊組長」的形式增加管理的階

層，建立一位經理的直接管理人數在「7 個人」左右的體制。就像「遇到困難就分割」這句話一般，即使是困難的工作，分成小部分就能解決。「神奇的數字 7」&「控制幅度」可說是能解決管理上的各式各樣課題，應用範圍廣泛的法則。

7　創新擴散理論及跨越鴻溝理論
為了不只停留在「狂熱分子專用」

　　劃時代的點子或技術只受到部分狂熱分子瘋狂支持，但卻沒有更好的發展，最後在不知不覺間從市場上消失⋯⋯這樣的商品和服務多得數不清。那麼，要普及到什麼程度，才能不從市場上消失，成功存活下來呢？「創新擴散理論」和「跨越鴻溝理論」可以用明確的數值來回答這個問題。「創新擴散理論」是史丹佛大學社會學家埃弗雷特・羅傑斯（Everett M. Rogers）提出的理論，依照購買商品的態度將消費者分成下列 5 組：

- **創新者**（innovators）：積極採用新事物的人，構成全體市場的 2.5％。
- **早期採用者**（early adopters）：對流行很敏感，會主動收集資訊，進行判斷的人。意見領袖，會對其他消費客層發揮很大的影響力，構成全體市場的 13.5％。
- **早期多數**（early majority）：對於採用新事物比較謹慎的人，構成全體市場的 34％。
- **晚期多數**（late majority）：對採用新事物抱持懷疑的態度，要看到周遭大多數的人嘗試後，才會做相同的選擇，構成全體市場的 34％。

• **落後者**（**laggards**）：最保守的人。對世上的動向沒什麼興趣，要等到流行變成一般之後才會採用，構成全體市場的 16％。

　　像這樣分成 5 組之後，羅傑斯提出「普及率 16％理論」。理論的內容是「創新者和早期採用者加起來的 16％的界線，就是能否推廣到其次的早期多數和晚期多數的分歧點。一旦超過 16％，之後就會急速普及、滲透」。這個理論重視的是早期採用者。創新者重視就是嶄新度，不會那麼注意商品的實用性或優點。因此，創新者的行動未必會引起其他人的共鳴。

　　另一方面，早期採用者則是著眼於商品的價值而購買的，如果告訴其他消費者商品的優點，影響力也會變大。因此羅傑斯分析：「為了讓商品普及大眾，對早期採用者的行銷很重要。」對於這個說法，美國行銷顧問傑佛瑞・墨爾（Geoffrey A. Moore）則提出「**跨越鴻溝理論**」。他分析高科技產業後，表示**「早期採用者和早期多數之間，有一條難以跨越的大溝（鴻溝）」**。

　　就算普及到早期採用者，如果不跨越這條鴻溝，就無法在主流市場闖出一片天，商品最後還是會從市場消失。因此，光對早期採用者宣傳是不夠的，還必須對早期多數行銷。這就是墨爾的主張。

圖 4-4 「創新擴散理論」和「跨越鴻溝理論」

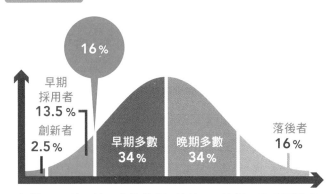

創新擴散理論

超過 16％的界線，之後就會迅速普及、滲透，因此需重視
對早期採用者的宣傳。

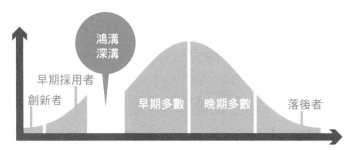

跨越鴻溝理論

早期採用者和早期多數之間有很深的鴻溝，光對早期採用者
宣傳是不夠的。因此，也必須對早期多數宣傳。

iPhone 和黑莓機的命運分歧的大鴻溝

　　完全符合這些理論的事例，就是 iPhone 和黑莓機。第一代 iPhone 於 2007 年在美國上市，日本也在翌年 2008 年 7 月 11 日開始於軟銀獨家上市。另一方面，黑莓機則是在歐美商務人士廣泛使用的智慧型手機。在日本，NTT docomo 也在幾乎和 iPhone 同時期的 2008 年 8 月，開始提供個人用戶專用的「黑莓機網路服務」。黑莓機是在這個服務的 2 年前開始投入日本市場的，不過當時只針對法人提供，而且以英文服務為主。NTT docomo 會開始個人用戶專用的服務，應該是與 iPhone 抗衡的戰略。

　　在相關人士之間，這兩項商品原本應該預計是敵對關係吧。然而，調查公司配合兩項商品的上市，針對日本的手機使用者調查了 iPhone 和黑莓機知名度之後，結果卻出現很大的差距。iPhone 的知名度在上市之前就已經擁有 52.3％這個很高的數字了。不僅如此，上市後 5 天期間，數字大幅上升至 74.7％。意思就是說，上市的時候，大半的手機用戶都已經知道 iPhone 了。那黑莓機呢？知名度數值很低，只有 12.8％，正是無法跨越「鴻溝」的狀態。應該是停留在只有喜歡新事物，也很懂 IT 工具的部分狂熱分子知道的地方吧。

　　在背後佐證的，就是認知途徑。知道 iPhone 的人當中，有

71.5％的人回答「是透過報紙、雜誌、電視、廣播知道的」。相對的，黑莓機則有43％的人回答「用電腦、手機等上網時知道的」。意思就是說，知道黑莓機的只有平常常用 IT 工具，會自行積極收集資訊的創新者和早期採用者。另一方面，有大半的人是透過大眾媒體知道 iPhone 的。一舉對還不太清楚智慧型手機的早期多數和晚期多數宣傳，才能輕易跨越「鴻溝」。

當然，這是軟銀刻意採取的戰略。舉辦盛大的記者會和媒體發表，巧妙利用宣傳，在上市前提高商品和服務知名度的手法，似乎是孫總裁的拿手絕活。彷彿證明了這兩個數字的差距一般，之後 iPhone 和黑莓機走上相對的道路。

誠如各位所知，各個型號的 iPhone 占了日本智慧型手機出貨數量的 50％以上。從作業系統來看，iPhone 約占了 70％，擁有壓倒性的市占率。

另一方面，黑莓機的用戶沒有增加，在 2017 年悄然結束了「黑莓機網路服務」。最後，黑莓機無法跨越「鴻溝」，從日本市場上消失了（註：黑莓機在 2016 年 3 月，以 SIM-Free 的安卓智慧型手機再次打入日本市場）。對於策劃行銷戰略和銷售戰略的相關人士來說，「創新擴散理論」和「跨越鴻溝理論」是非常重要的理論。為了不讓灌注了時間和熱忱而開發的新商品或服務短命結束，各位一定要牢記這兩個理論。

第 **5** 章

終極數值化工作術：
軟銀的「三次元經營模式」

無論什麼商務都能應用，效果超群！

　　說到「數值化工作術」的達人，非孫總裁莫屬。人們都覺得他是靠與生俱來的直覺和智慧成功的天才經營人，但孫總裁的經營和工作一定有數學思考和數字佐證。這一章是本書的總結，就讓我用軟銀的經營戰略當個案研究，來看看這家公司是如何活用數值化工作術的吧。

　　其中，我會以自己深入參與的 ADSL 事業「Yahoo! BB」為中心，進行解說。在距今 17 年前成立這個事業的時候，包含我在內只有 3 名成員。加上司令塔孫總裁，我們就在東京都內的雜居大樓房間內，開始了這個案子。之後只過了 4 年多，「Yahoo! BB」的用戶就突破了 500 萬人。以這個成功為立足點，軟銀加入固定電話事業和手機事業，一舉創下飛躍性的發展。這些發展背後的所有場面，都活用了數值化工作術。

　　當時，軟銀的知名度和社會信賴度都很低，根本比不上現在，還沒脫離初創企業的範圍。公司的品牌力低，財力和人力資源都不夠，但是軟銀還是證明了數值化工作術能帶來豐碩的成果。對於你的事業、生意，這些個案研究一定也能發揮絕大的用途。

1 數值化工作術如何活用在軟銀的經營上

如同第一章說明，孫總裁及軟銀的經營基本就是下面這 5 種數字：

- 顧客人數
- 顧客單價
- 存留期間（顧客存留期間）
- 獲得顧客的成本
- 維持顧客的成本

公司的長期營業額可以用「顧客人數×顧客單價×存留期間」來計算。用這個數字減掉成本就是利潤，所以營業利潤可用下列的算式表示。

「（顧客人數×顧客單價×存留期間）－（獲得顧客的成本＋維持顧客的成本）」

非常簡單，不過這就是商務上最重要的算式。營業額和利潤無法如預期般成長，就是因為沒有妥善管理這 5 種數字中的

其中 1 個數字。只要將「顧客人數」、「顧客單價」、「存留期間」
最大化，「獲得顧客的成本」、「維持顧客的成本」最小化，就
能使公司的利潤最大化。軟銀一直都是以這個狀態為目標，一
邊調整這 5 種數字，一邊經營。我稱之為「軟銀的三次元經營
模式」。大概區分其中的階段，就會像下面這樣：

　・第一階段：增加顧客人數
　・第二階段：提升顧客單價
　・第三階段：降低獲得顧客的成本和維持顧客的成本
　・第四階段：延長存留期間

　　那具體上來說，孫總裁和軟銀是如何實現這 5 種數字的最
大化和最小化的呢？還有，為此該如何活用本書介紹的數值化
工作術呢？關於這一點，我就以自己從成立開始深入參與的
ADSL 事業「Yahoo! BB」的事例為主，跟各位一起看下去。
成為市值 10 兆日圓的企業後，我們現在能進行比當時更精緻
的系統化、架構化，不過基本的思考方式和戰略至今仍然沒有
改變。對於現在這一瞬間正好在 5 種數字上有問題的企業或事
業來說，這個數值化的事例也一定能派上用場。

2 集中增加「顧客人數」，一口氣衝上冠軍

　　「三次元經營模式」的第一階段是「增加顧客人數」。無視顧客單價和成本，一開始總之就是要專注於讓顧客人數最大化——就算收支變成赤字也無妨。在事業成立期，即使必須花費很大的成本，也要使顧客人數一口氣增加到該業界的第一名。這就是孫總裁的衝刺方法。

　　「Yahoo! BB」的時候當然也實踐了這個做法。而且，我們還設定了破天荒的目標顧客人數。「要訂 100 萬台數據機喔！」聽到這句話的時候，我還懷疑了自己的耳朵。在軟銀加入之前，從事 ADSL 事業的公司雖然少，但還是有。可是，這些公司的顧客人數都是幾萬人，跟 100 萬台差了 2 位數。即使如此，孫總裁還是在服務開始之前親自簽了數據機的訂單，做出無法回頭的情況。

　　為什麼要如此執著於顧客人數呢？第一個原因，就是顧客越多，就越能降低產品或服務的單價。訂 100 萬台數據機的一大目的就在這裡。既存的 ADSL 業者最多 1 年訂 1 萬台左右。如果大量訂了 100 倍的數量，單價就會大幅下降。因此，「Yahoo! BB」才能用當時無法想像的低價提供服務——包含數據機租金在內，1 個月 2,830 日圓。在此之前，ADSL 的平均價格是 1 個月 6,000 日圓上下。只要用這麼便宜的價格提供同

樣的服務，在競爭上就能得到壓到性的優勢。「Yahoo! BB」的服務開始接受申請不到 3 個月，申請數量就突破 100 萬筆了。軟銀就是用這個方法，在一瞬間成功獲得傲視 ADSL 業界的顧客人數。

不只限於這個事例，在現在這個時代，如果不獲得壓倒性的顧客人數，就無法在競爭中勝出。尤其是 IT 和數位機器業界，這個情況非常顯著。其背景就是技術的進步造成單一商品可用低廉的價格大量製造。名為「微影技術」的電路板技術發達，半導體產品也只要設計好電路板的電路，之後由印刷機印刷即可，不用原價就能大量生產。結果，在 IT 和數位的世界裡就成立了「儘量減低原價，數大者贏」的競爭原理。

「慢慢拓展的健言」惹火孫總裁的原因

執著於顧客人數的第二個原因，就是只要成為壓倒性的第一名，競爭對手要推翻這個地位，實際上是不可能的。用網路拍賣當例子來看，應該會比較容易了解。賣家最多的網站，也會有很多下標的人聚集。下標的人越多，賣家也會增加。就像這樣，人、物、金錢全都會在第一名的網站集結，因此可以構築其他人追不上的「一強獨大」的地位。這個現象稱為「網路外部性」，意指「消費同樣財產、服務的個人數量越多，能從這些

財產、服務獲得的利益就會增加的現象」。

一口氣獲得顧客人數，成為第一名之後，這個網路外部性就會開始作用，進入顧客人數繼續增加的良性循環。這也代表了「第一名以外即無法存活」。孫總裁很清楚這個嚴峻的事實，所以才會執著於顧客人數。軟銀在日本開始「Yahoo! 拍賣」的服務時，也為了勝過當時世界最大的「eBay」，不管怎麼樣都一定要讓用戶人數變成第一，於是便採取了免費提供服務的戰略。

結果，「Yahoo! 拍賣」的使用者人數急速增加，壓制eBay，在日本成為壓倒性的冠軍，使得 eBay 不得不在 2003 年撤出日本市場（註：之後 eBay 在 2007 年成立了 Shop Airlines 和拍賣網站「Sekaimon」，亦與雅虎合作，現在仍繼續提供服務）。「Yahoo! BB」這個案子開始的時候，我還不曉得在顧客人數上取得第一名有什麼意義。所以，我便這麼建議孫總裁：「一口氣以 100 萬筆的規模在日本全國推出，太魯莽了。先從東京都內限定的服務開始，一邊確認品質和運用有沒有問題，一邊慢慢拓展，這樣比較好吧？」我一說完，孫總裁立刻發火，當場回絕了我的意見。當時我非常震驚，不過到了現在，我也能接受他的理由。

我的提案是完全出自常識的想法，不過看在孫總裁眼裡，他應該很想說「那麼悠哉的做法，無法在這個競爭激烈的時代生存下來」吧。結果，孫總裁的判斷才是正確的。既然要做，

就要做到人們說「ADSL 就是『Yahoo! BB』」的狀況，站在壓倒性的優勢，讓其他公司加入戰局之前就先放棄。這就是孫總裁的戰鬥方式。

拿下 70%市占率，就不可能逆轉了

各位聽過「蘭徹斯特法則」嗎？這個法則有各式各樣的解說書籍，在本書就割愛不談了。這是在套用於商務時導出的法則之一，就像下面這樣：「只要確保市場占有率的 73.9%，所有其他競爭公司加起來也只有 26.1%，會有約 3 倍的差距，因此就能成為壓倒性的強者。」總而言之，只要占了市占率的 70% 以上，其他公司要改變這個局面，實質上是不可能的，自家公司便能獨霸。

了解這個法則之後，就能懂得「Yahoo! 拍賣」幾乎席捲日本市場，把 eBay 趕出去的原因了。我不知道孫總裁對這個法則的重視程度，但是在 1990 年代左右，他確實讀了很多和蘭徹斯特法則相關的書籍。他應該是在這個時候遇見「無法打倒 3 倍的敵人」這個理論，獲得確信的吧。看孫總裁採取的戰略，就知道他一定有遵循蘭徹斯特法則。孫總裁的經營並不是靠單純的直覺或智慧，而是有確實的數學思考及理論佐證的——讀完這個小故事，我想各位應該就能了解了吧。

3 提升知名度，增加潛在顧客

「我知道只要增加顧客人數就行了。但是，軟銀為什麼做得到呢？」為了說明這一點，我必須先請各位理解「顧客」有 3 個階段。

1、潛在顧客（知道但是沒有用）
2、試用顧客（免費試用）
3、簽約顧客（付費使用）

購買商品或服務的顧客，大半都會跟著 1→2→3 的階段。要在商務上獲得利潤，最終目標就是獲得「簽約顧客」，不過為了達到這一點，增加入口的「潛在顧客」更是不可或缺的。那麼，該做什麼才能增加潛在顧客呢？那就是「提升知名度」。

一如我在第四章說的，這才是孫總裁的拿手絕活。話雖如此，也不是打大量的電視廣告或一般廣告。盛大召開記者會和新商品發表會，讓報紙和電視新聞報導，這才是孫總裁的做法。這就是所謂的「宣傳」手法，透過大眾媒體大範圍傳播，將商品和服務相關資訊傳遞到所有客層，提升大眾的知名度——這就是軟銀的必勝模式。不過，如果只是辦記者會，媒體也不會報導。

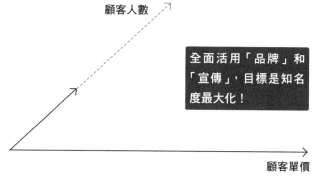

圖 5-1 三次元經營階段　增加潛在顧客

因此，孫總裁常會準備好具有震撼力的數字或伎倆，以提
高新聞價值。而且，他大概都在服務開始的 3 個月前發表。
「Yahoo! BB」的發表也是依照這個劇本召開記者發表會。記者
會是在 2001 年 6 月舉辦的。服務實際開始是在 2001 年 9 月，
所以是 3 個月前的時機。

不僅如此，他還準備了「ADSL 連線費是每月 990 日圓」
這個衝擊性的數字。如同前述，如果包含數據機租用費和 ISP
使用費的話，是每月 2,830 日圓，不過只從當中切分出 ADSL
的連線費，並同時發表這個數字，就提升了新聞價值。

順便告訴各位：孫總裁在這場記者會登場的的時候，還穿著 Uniqlo 的襯衫。這也是利用 Uniqlo「低價而優質」形象的演出。有了這麼多材料，新聞當然不可能不報導。參加記者會後，報紙和電視全都一起報導了「Yahoo! BB」。而且還不是刊登在報紙的角落，而是跨了好幾個篇幅的大幅報導。結果便獲得了「網路用戶沒人不知道」的知名度。

孫總裁常做這種盛大的發表，所以軟銀也曾被揶揄是「發表經營」。只不過，如果要靠一般廣告或電視廣告獲得同樣的效果，需要花上非常龐大的金額倘若要在報紙刊登一整面的廣告，更得花上幾千萬日圓的費用。可是，軟銀用在發表經營的錢，只有記者會用的場地費而已。倘若這樣就能獲得和電視廣告相同、甚至超過電視廣告的效果，應該沒有別的經營手法能出其右。

我剛才提到三次元經營模式的第一階段是「增加顧客人數」。不過，其實在這前面還有一個階段，應該要稱作「第○階段」，其過程是「提升知名度＝增加潛在顧客」。所以，軟銀才能在初期階段獲得壓倒性的顧客人數。

聰明活用「品牌」、「排隊」

為了提升知名度，孫總裁還活用了另一個方法。那就是

「品牌」。誠如各位所知,「Yahoo!」這個品牌本來是從美國的分類搜尋服務所誕生的。因此,在日本拓展商務的時候,也沒想過要在搜尋服務之外用這個名字。

可是,孫總裁卻在 ADSL 服務用了這個品牌,決定以「Yahoo! BB」這個名字提供服務。在這個階段,搜尋服務「Yahoo!」這個品牌在日本已經有很高的知名度了。因此孫總裁判斷:只要利用這一點,就算是一般人聽不慣的 ADSL 服務,也能一舉打進主流。

這我也提過了——當時的軟銀只不過是在大眾之間的知名度、信賴度都還很低的初創公司。如果服務名稱是「軟銀BB」,顧客人數就不知道能不能一口氣增加這麼多了。除此之外,孫總裁也會聰明利用「排隊」。

iPhone 首度在日本上市是 2008 年 7 月 11 日,電視新聞不斷重複播報著人們在軟銀的店鋪前大排長龍的模樣。其實,這裡也用了伎倆。他事先公告其他分店都是在正午開賣,只有新聞報導的表參道店是在早上 7 點開門,搶先開賣 iPhone。這麼一來,蘋果迷或喜歡新事物的人一定會在開店前去排隊的。

實際上,當時很多人從幾天前就開始在表參道店連夜排隊。以新聞來說,應該沒有什麼畫面能比這更上相吧。孫總裁就是知道這一點,才會刻意製造讓大眾媒體沸沸揚揚的狀況。

一口氣跨越「鴻溝」才是孫總裁的風格

　　像這樣從商務初期階段一舉提升知名度，增加潛在顧客，一口氣跨越「鴻溝」，就是孫總裁的必勝法。其實，ADSL 也是只要走錯一步，就有可能踏上跟第四章介紹的黑莓機相同的末路。當時，通訊業界認為「ADSL 只有部分狂熱分子會用」。

　　因為大家都覺得這個服務不僅費用貴，還得自己設定數據機，所以不是很懂網路的人用不來。「把好事之徒當顧客的利基商務」──這就是大眾對 ADSL 的共同認知。若是創新者和早期採用者，就算費用有點貴，操作有點困難，也會因為「我喜歡新事物」這個理由購買。可是這樣下去，市場規模不會擴大。用戶人數越少，訂購單位也越少，所以單價一直很高，應該無法讓對新事物不太敏感的人覺得「用用看好了」吧。軟銀早在最初就是為了打破這道牆壁而開始商務的。

　　不只有創新者和早期採用者，連早期多數和晚期多數都是目標客層。因為有這樣的目標，孫總裁才能毫不猶豫地訂購100 萬台數據機。這個做法稱為「**滲透定價法**」。這是在商務初期階段果斷設定低價，傾力於獲得市場占有率的策略。獲得成本可以之後再思考。總而言之，前提就是只要增加顧客人數（＝銷售數量），每個單位的成本就會自然降低。

　　與軟銀恰恰相反的則是「**吸脂定價法**」。這是利用對喜歡新

事物的人銷售價格帶高的商品，來獲得利潤的策略。如果想要
靠利基商務存活下來，也可以選擇這個做法。不過，孫總裁採
取的戰略是一口氣跨越「鴻溝」。所以軟銀才能達成其他公司
望塵莫及的急速成長。對軟銀來說，「鴻溝」是不存在的。讓人
有這種感覺的壓倒性起跑衝刺，就是軟銀厲害的祕訣。

4 降低抗拒心理，
增加試用顧客

　　提升知名度，增加潛在顧客後，接著就必須增加「試用顧客」。這個階段要專注在「如何降低顧客的抗拒心理」。新商品或服務問世了，創新者和早期採用者之外的一般人通常都會抱著「真的是很好的商品嗎」、「會不會用了之後就出問題」等不安或懸念。要消除這些想法，最好的方法就是讓顧客試用商品或服務。而且，重要的是要讓顧客能無風險地試用。因為一旦要花一點金錢或時間勞力，就算是「試用」，顧客的抗拒心理也會變強。

　　「Yahoo! BB」的時候實施的無風險試用戰略，就是「數據機免費活動」。活動內容是免費將數據機借給顧客，而且在 ADSL 連線後 2 個月以內，就算不用了也不會產生費用。不只有使用免費，裝設數據機也免費。如果是狂熱分子，這種設定作業也能靠自己輕鬆解決，不過一般人則會有「自己設定很麻煩」的心理作用。所以不只在金錢方面，在時間和勞力方面，也必須降低抗拒。

　　在此之前的 ADSL 業者是把輕鬆付掉每月將近 1 萬日圓月費的狂熱分子當成目標客層，所以一家公司最多只有大概 3 萬名用戶。可是，要將 ADSL 普及到一般大眾，在初期階段一舉

獲得 100 萬人規模的顧客，靠「口頭說明商品的優點，顧客接納後再請顧客用」的過去做法就太花時間了。既然這樣的話，還不如將包含金錢、時間勞力在內的用戶成本最小化，請顧客實際試用最快。

　　一說「免費」，各位可能會覺得是可疑的詐騙，不過為了增加試用顧客，這是最快速、確實的方法。「試用一毛錢都不用花，也完全不會勞動到顧客。」經這麼一說，連警戒心很強的人都會覺得「那就用用看吧」。即使初期成本要由賣方負擔，還是要先讓顧客用。這是軟銀獲得顧客的戰略中，極其重要的第一步。

- -

圖 5-2 三次元經營階段　增加試用顧客

- -

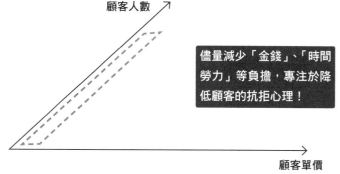

「過程分析」讓客服中心的客訴數驟減

　　免費活動成功提升了知名度，使得「Yahoo! BB」在開始接受預約後，預約申請蜂擁而至。這個情況本身是如同孫總裁所計畫，問題就在於軟銀內部還沒整備好處理這麼多申請數量的體制。其實，在孫總裁盛大召開記者會的時候，還有堆積如山的課題得解決，才能實際開始事業。加入 ADSL 事業必須借用 NTT 的線路、建築物來建立網路，為此得和 NTT 交涉，進行申請作業等麻煩的手續。而且還會因為每位用戶的使用條件不同，而發生「ISDN 的區域不能用」、「家裡電話線有設定保全系統就不能用」等問題，非常棘手。

　　由於該克服的難關實在太多了，即使收到大量的申請，ADSL 的開通工程和手續仍不斷延誤。結果，「申請了卻無法開通」的客訴也隨之而來。在這個非常事態下，客服中心完全陷入了爆炸狀態。雖然免費活動降低了抗拒心理，但如果無法馬上使用，而且客服中心的電話還一直打不通的話，用戶就會放棄，覺得「算了」。如果努力獲得的試用顧客沒變成「簽約顧客」，軟銀一分錢的利潤都拿不到。

　　就在公司內到處噴火這個時候，孫總裁依照慣例對我這麼說：「三木，你去想辦法解決！」我火速趕到客服中心，這個時候，我用來解決問題的方法就是第三章介紹的「過程分析」。「申請了卻不能用」就代表「申請」到「開通」之間的某

個過程發生了業務停滯。只要依照過程將業務流程分類，算出良率，立刻就能知道答案。我分成「申請」、「NTT 申請」、「NTT 局內工程」、「顧客宅內工程」、「開通」等過程，調查每個過程的發生業務停滯的次數。結果，業務停滯特別多的就是「NTT 申請」的過程。

調查原因之後，我才知道「因為電話線的名義不同，導致 NTT 申請沒通過」的情況以相當高的比例發生。開始一個人住的時候，是用父母親的名義申請電話線的，可是在申請「Yahoo! BB」的時候卻忘了這回事，寫下自己的名字。這種用戶非常多，所以申請才被退回。了解到這個地步之後，也能看見接下來該採取的行動了。我們製作了確認表，以便業務負責人在受理申請的時候，不會忘了確認正確的電話線名義人。倘若電話線名義人錯誤，就不算進申請人數裡，同時還會停止支付給代理店的獎勵金。另外設置專用客服中心，讓顧客本人直接打電話來通知，以防還是填錯，像這樣一一設法解決後，開通的平均天數隨即變短，相關客訴也跟著驟減。

利用「良率管理」確實讓試用顧客簽約

我會用過程分析這個方法，不只是為了減少客訴和諮詢。將過程數值化，確認良率，還可以提高試用顧客變成簽約顧客

的機率。我在前面說明了開通前的業務流程，實際上還有其他過程在後面。「申請」→「NTT 申請」→「NTT 局內工程」→「顧客宅內工程」→「開通」→「維護管理」→「收費」

　　來到這個最後過程，才會成為付錢給軟銀的「簽約顧客」。我計算了每個過程的良率，如果數值很低，就立刻擬定改善方針，同時也算出了每家委託銷售代理店的數值。假使 A 公司成功讓申請數的 75％付費了，B 公司則停在 50％的話，就要思考後者有什麼需要改善的問題。我透過算出每家代理店、每個銷售管道的數值，建立了要是有問題也能立刻發現，執行改善方法的機制。

　　倘若進展到付費的顧客沒有增加，就無法達成軟銀三次元經營模式第一階段的「增加顧客人數」這個目的了。利用過程分析徹底進行管理，消除不好的良率，可說是能否前往第二階段的關鍵重點。

圖 5-3 三次元經營階段　增加簽約顧客

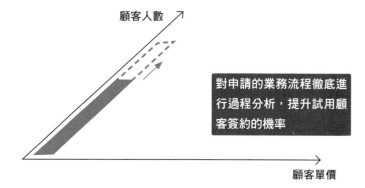

5 提升顧客單價

　　完成「增加顧客人數」的階段後，下一個階段則是「提升顧客單價」。一開始是以顧客人數為優先，將火力集中在「就算免費也沒關係，儘量增加人數」，而到了這個階段，則要傾力於提升每位顧客的單價。

　　代表第二階段的算式如下：「顧客人數×顧客單價＝營業額」長期營業額會和存留期間有關，不過請各位把這個階段的「營業額」想成單年度或短暫的一定期間的數字。利用提升顧客單價將這個營業額最大化，就是三次元經營模式第二階段的目的。那麼，該如何提升顧客單價呢？

　　軟銀採取的戰略是「提供附加價值高的追加服務或選購內容」。各位或許曾聽過「登門檻效應」這個詞。這個效應的由來，是只要推銷人員先讓拜訪的對象開門，再把腳伸進去，不讓對方關門，對方就無法拒絕推銷。意思就是說，只要一開始先從「能不能開個門」這個小的要求開始，建立對方容易答應的狀況，之後即使漸漸提出更大的要求，也很容易獲得對方答應。由此可知，曾經購買某樣商品或服務的人，對於之後再追加購買其他相關產品的抗拒心理會降低。

　　尤其是提出「整套用比較划算」、「組合起來更方便」等好處，就能讓抗拒變得更小，產生「既然這樣的話，就買了吧」

的心理作用。這麼一來，就更容易進行促使顧客購買相關商品的橫向銷售了。我們也對「Yahoo! BB」的顧客進行「登門檻效應」的橫向銷售，提升顧客單價。ADSL 服務開始的時候，顧客單價大概是 2,000 日圓。到了 5 年後的 2006 年，單價攀升到 4,395 日圓，幾乎是 2 倍。促成這個狀況的，就是積極提供整套銷售。

　　「Yahoo! BB」服務開始約 1 年半後的 2002 年底，軟銀開始提供「Yahoo! BB 12M+無線區域網路組合包」。這是用無線區域網路服務（月費 990 日圓）結合 ADSL「Yahoo! BB」和 IP 電話「BB Phone」的服務，所有費用加起來，月費是 4,533 日圓。如果對已經在使用服務的人說：「只要再多付大約 990 圓，就可以無線區域網路用到飽喔。」對方應該會覺得：「那還蠻划算的。」獲得新顧客的時候也一樣，營業現場的銷售人員就可以推薦：「如果現在開始用 ADSL，有無線區域網路會比較方便喔。」如此一來，申請服務的新用戶顧客單價也比較容易提升。不僅如此，這個時候還實施了「新申請的人最多可以免費使用無線區域網路 2 個月」這個活動，沒忘記降低新顧客對新服務的抗拒心理。

　　現在，無線區域網路已經廣泛普及至一般家庭，不過在當時，大半的用戶都還是用有線網路。對這種人來說，在家裡的任何地方都能用電腦上網，而且還能用於電玩等其他裝置的無線區域網路，應該是會讓他們實際感受到過去的生活完全改變

的方便服務。一旦體驗過這種方便的環境，不會有人特地回頭用有線網路。因此，只要顧客申請了免費活動，幾乎所有用戶都會直接變成簽約顧客。靠著以 ADSL 為服務主軸，再促使顧客決定追加購買的戰略，軟銀的顧客單價不斷提升。

「橫向銷售＝忍不住買了」高利潤的賺錢生意

不只有軟銀，很多商務都會進行這樣的橫向銷售。例如業務人員對買了車的顧客推銷「鍍膜的話，車身比較不容易髒喔」、「要不要加購汽車防盜用品，以防萬一」等追加服務。

這是顧客剛決定購買幾百萬日圓單位的昂貴商品之後，所以會覺得幾萬日圓程度的鍍膜或防盜用品「就順便買了吧」，進入容易答應的心理狀態。汽車業務人員就是利用這一點來提升顧客單價。

某家個人訓練型健身房的一大收益來源，是賣保健食品給來健身房的人。常跑這家健身房的人都是為了雕塑身材，所以不只會接受教練的運動指導，連飲食內容都有限制。這裡的業務手法，就是建議用戶加購。「我們有獨家保健食品，可以補充一般飲食無法攝取的營養素喔。」這些保健食品的價格比一般市售商品還高，不過支付更貴的健身房使用費的人們，都會不假思索地答應：「那我也要買這個。」我們可以清楚知道：

不管是汽車還是健身房，決定購買高價商品的人，對於加購的抗拒心理會降低。

　　站在賣方的角度來看也一樣，比起一開始讓顧客購買商品時花費的成本和勞力，順便推銷相關商品輕鬆多了。而且，車身鍍膜和保健食品都是原價非常低的商品。就算多加的營業額只有幾萬日圓，對公司來說仍算是利潤率很高的「賺錢生意」。橫向銷售的好處這麼多，沒有實踐的企業和商務也很多，真是可惜。我再重複一次，「顧客人數×顧客單價＝營業額」。如果有「營業額沒有成長」的問題，就請各位思考「除了顧客人數之外，能不能提升顧客單價」。

圖 5-4 三次元經營階段② 　提升顧客單價

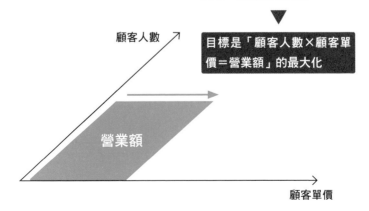

6 同時嘗試所有銷售手法及銷售管道

　　第一階段的「增加顧客人數」還只是「線」，但如果能實現第二階段的「顧客人數×顧客單價」，就能獲得「面」了。這是三次元經營模式的第二階段。在這個階段，孫總裁的做法是嘗試所有銷售手法和銷售管道。「Yahoo! BB」當然也實踐了這個戰略。而且還不是一個一個試，「一舉、同時」嘗試。

　　委託銷售的代理店有幾十家。除此之外，在街頭發數據機的「遮陽傘」活動則在日本全國從北到南的幾千個地點實施。這都是當時的通訊業界無法想像的規模和數量。附帶一提，孫總裁曾經召集代理店的員工，親自指導將數據機遞給路人的方法。在聚集的幾百人面前，他比手畫腳地熱烈演出：「視線一對上路人，就這樣遞給對方！」孫總裁這樣親自擔任現場的旗手，大規模展開促銷活動，正是為了讓營業額最大化。

　　如果換成其他公司，不管是代理店還是放遮陽傘的地方，應該都會覺得「先從少數開始嘗試吧」。然而，孫總裁則堅持「一口氣嘗試大數量，用數字檢核其結果，找出最好的方法」這個做法。原因之一，就是因為他的腦中存在著第四章介紹的「鮭魚卵理論」。新公司或事業存活下來的比例本來就非常低。正因為如此，如果不儘量多抽獎，就無法獲得為數稀少的「大

獎」。由於知道這一點，孫總裁才會想要嘗試更多方法——100個不如 1,000 個，1,000 個不如 10,000 個。

另外一個原因，則是能大幅提升比較檢核的速度和正確性。倘若像一般公司一樣，採用「先嘗試少數，檢核結果，再根據結果嘗試別的方法」的做法，不知道要花多少時間才能試完所有想得到的方法。

如果在 1 家代理店嘗試，到報告結果出來要花 3 個月的時間，試完 20 家公司就得花 5 年。在這麼做的時候，環境、條件都會不斷變化。就像 iPhone 在一瞬間刷新手機市場一樣，全新商品突然登場，一舉改變商務環境的情況並不少見。在慢吞吞地花時間嘗試的時候，輸贏就已經揭曉了。此外，在嘗試的期間，比較檢核的前提條件也有可能改變。

即使好不容易統計出數值了，現在和 1 年後的經濟、景氣變動有可能會導致消費者行動改變。就算得到了「B 代理店獲得的顧客人數比 A 代理店少」這個數字，如果統計時間有幾個月或 1 年之久的差距，就有很多藉口可以找了，例如「因為統計 A 的時期比較景氣」、「因為統計 B 的時候是夏季蕭條時期」等。意思就是說，無法客觀判斷這個數值有沒有意義。

在數值化後進行比較的大前提，就是統計條件相同。為此，像孫總裁一樣「一舉、同時」嘗試是很重要的。「如果一起嘗試很大的數量，失敗的數量不也會增加嗎？」應該有人會如此擔心吧？

不過，就像我在第一章提到的，軟銀一開始就是把失敗放進計畫裡執行的。無論成功還是失敗，全都是「執行的結果」，這個事實不會改變。

若能獲得大量的結果，數值化的精確度也會提升。只要根據這個正確的數值迅速執行下一步行動，就能以更確實及最快的速度達成「營業額最大化」這個第二階段的目的了。不看「成功還是失敗」，認為「所有結果都是數值化的材料」並活用至極限，就是孫總裁和軟銀員工的共通思考方式。

沒做多變量分析的人說的話，我全都不聽

在嘗試過所有的手法，獲得結果之後，該著眼於哪個數字，進行檢核呢？在這裡登場的，就是基本的「5 大數字」之一「獲得顧客的成本」。一如第一章說明，為了讓公司最終的利潤最大化，一定要在某個階段降低獲得顧客的成本。

軟銀是在一開始先增加顧客人數，接著專注於提升顧客單價，而到了這個階段之後，接下來要採取的行動就是降低成本。為此使用的就是第二章介紹的「複迴歸分析」。對於「Yahoo! BB」遮陽傘的結果，孫總裁也指示要用複迴歸分析進行徹底的解析。

不只有我，他甚至還對軟銀的所有幹部斷言：「以後，沒

做多變量分析的人說的話,我全都不聽。」就這樣,我們都養成了用複迴歸分析解析「賣場面積」、「遮陽傘前的道路通行量」、「打工的人數、工作熟練度」、「到車站的距離」、「天氣」、「星期幾和時段」等複數要素如何相關的習慣了。

只要進行複迴歸分析,就可以得知每支遮陽傘獲得的顧客人數會受到什麼要素影響。這麼一來,就能知道更有效率地獲得顧客的方法,因此可以大幅降低獲得顧客的成本。透過複迴歸分析的結果,我們知道「遮陽傘前的道路通行量」會對獲得的顧客人數帶來最大的影響。這樣的話,在通行量少的地方放遮陽傘所花的成本,就會白費。撤離這種地方,為了借用行人更多的地方而努力進行交涉,就是接下來該採取的最佳行動。

不僅如此,複迴歸分析還可以用數字明確指出「在哪個地點放遮陽傘,能降低多少獲得顧客的成本」。「現在有在 10 個每小時交通量 1,000 人以上的地點開店,如果增加成 20 個地點,獲得顧客的成本就會減少 25%」像這樣的預測值也是可以馬上得知。畢竟能這麼具體地告訴我們「接下來該做什麼」,孫總裁會指示我們用複迴歸分析也是無可厚非。

如果不做複迴歸分析,就會不曉得複數要素之中左右成果的是什麼,有可能導致我們朝著錯誤的方向直衝。如果想著「獲得的顧客人數沒有成長,那就試著增加遮陽傘的數量吧」,然後一直在行人少的地方設置遮陽傘,就會得到只有設置成本和人事費增加,獲得人數卻沒有成長的結果,使得獲得顧客的

成本不斷上升。進行複迴歸分析則能正確掌握該優先改善的事項。除此之外，**用複迴歸分析算出「預測值」之後，如果跟「實測值」有差距，就能立刻察覺，這也是優點之一。**

假使某支遮陽傘的獲得顧客人數和預測值有很大的差距，就證明某些要素起了變化。倘若數字比預測值少，就有可能發生了「附近開了新的購物中心，導致店門口的通行人數驟減」等環境的變化。這種時候，就必須立刻執行重新審視設置地點、考量是否要舉辦喚回人潮的活動等改善方法。

相反的，如果數字比預測值多，或許隱藏著「打工人員特別注意將數據機遞給路人的方式，結果使收下的人大幅增加」等祕計。這種時候，只要把遞交數據機的方式傳到其他代理店，進行橫向展開，就能更有效率地增加獲得的顧客人數了。

無論如何，一旦養成確認預測值和實測值差距的習慣，就能及早察覺其中隱藏的問題或好的事實。不徹底進行數值化，導致錯過這些資訊的公司，應該可說「當然」會差軟銀一大截。

7　獲得顧客的成本

　　關於「獲得顧客的成本」，不僅要利用複迴歸分析算出預測值，還要徹底計算實測值。這個時候用的則是「分類計算」這個數值化工作術的基本。「Yahoo! BB」的時候也一樣，我們建立了分成每種銷售手法、銷售管道計算數字的機制。

　　這個時期的銷售管道不只有代理店。網路受理、對外電話推銷、登門銷售等，我們嘗試了所有的銷售手法。可是，這樣還是無法掌握哪個管道可以獲得多少顧客。於是，我們在申請書上印了各家代理店的代碼，再將「遮陽傘」、「網路」、「電話推銷」、「登門銷售」等每種銷售手法編號，整備好一定會記錄獲得顧客過程的體制。

　　結果，獲得顧客的成本管理變得簡單很多。舉例來說，假設付 A 代理店 100 萬日圓，並獲得了 100 名顧客的話，獲得一名顧客的成本就是 1 萬日圓。另一方面，如果 B 代理店獲得顧客的成本是 8,000 日圓，C 代理店是 1 萬 5,000 日圓，就能正當比較每家代理店的成果了。同樣的，亦可依照各種銷售手法來計算獲得顧客的成本，例如「電話推銷 1 人 1 萬 2,000 日圓，遮陽傘 9,000 日圓」。

　　到此為止，我已經重複說過很多次——必要的數字必須靠

自己去找，才能獲得。尤其是新商務，公司內沒有收集數字的機制，所以必須主動製作。軟銀的員工都把這件事放在腦子裡，將「配合商務階段不斷建立必要的數值化機制」視為理所當然。

....

圖 5-5 三次元經營階段　降低獲得顧客的成本和維持顧客的成本

....

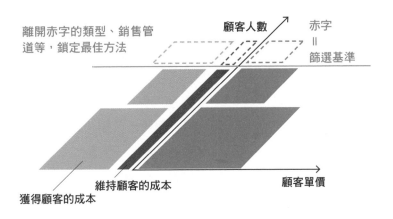

目標是「（顧客人數×顧客單價）－維持顧客的成本－獲得顧客的成本＝期間利益」最大化

將 4 年連續赤字一舉轉換為黑字的原因

軟銀就這樣持續檢核「如何降低獲得顧客的成本」，而公司利潤最大化，實際轉換成黑字則是 2005 年度的事了。其實，從加入 ADSL 事業的 2001 年度開始，軟銀連續 4 期一直是赤字。如果連續 5 期都是赤字，股票就會終止上市，當時正是緊要關頭。一般的經營人應該會被這個場面嚇得面色鐵青，孫總裁則不然。因為，他是明知獲得黑字的方法，才故意採取讓赤字持續到最後關頭的戰略的。

能做出這種驚人絕技，就是因為有數值化背書。「Yahoo! BB」的組合包是月費約 4,500 日圓，所以從一名用戶獲得的一年顧客單價約為 5 萬 4,000 日圓。會員人數順利成長，在 2003 年中期邁入 300 萬人大關，翌年 2004 年 3 月則突破了 400 萬人，只要用 5 萬 4,000 日圓乘以當時的顧客人數，就能算出營業額了。接著再從營業額減掉客服中心和總公司費用等「維持顧客的成本」，即可得知能投入多少獲得顧客的成本。意思就是說，可以倒回來算「要將獲得顧客的成本壓到多低，才能黑字化」。

除此之外，「維持客戶的成本」就像我在第四章之前反覆介紹的，讓客服中心的業務效率化，就已經算是著手降低成本了。之後只要在倒算出來的預算內選擇獲得顧客的效率較高的

銷售手法或管道，就能在瞄準好的時機達成黑字化。

如同前述，軟銀會做複迴歸分析，根據不同的銷售手法、管道徹底進行數值化，因此「該鎖定哪家代理店」、「遮陽傘要集中在哪裡」等檢核幾乎都做完了，也已經能掌握不同銷售管道的平均顧客單價。而且，軟銀採取的是先增加顧客人數、提升顧客單價的戰略，因此營業額每年都會增加。2001 年度是 4,000 億日圓的營業額，到了 2004 年度倍增為 8,300 億日圓。所以其實要早點黑字化也是可行的，不過孫總裁仍不惜延長赤字的期間，選擇儘量嘗試更多的方法。

只要獲得更多的實測值，檢核的精確度也會提升，最後就能達成選擇最佳方法，使公司利潤最大化的目的。如此鎖定最佳方法之後，軟銀成功在 2005 年度轉換成黑字。同年的營業利潤是 600 億日圓，翌年 2006 年度是 2,700 億日圓，之後的利潤也持續成長。赤字持續的 4 年，從外界看來可能像是為業績不振所苦。不過，其實軟銀是在赤字的背後嘗試所有想得到的方法，不斷進行數字檢核，以確實達成目標。

8 軟銀風投的 PDCA

　　孫總裁能自信滿滿地讓赤字持續到最後關頭，就是因為知道「進行數值化，就能預測未來」。他也了解，越是徹底進行數值化，預測的精確度也會變高。因此，事業計畫的精確度也很高。就像第二章說的，軟銀不會在一開始的階段擬定縝密的計畫，反而從「DO」開始，並根據「DO」的結果建立精確度更高的「PLAN」。如有必要，還會配合實測值不斷重新審視已經設定好的 KPI。所以，數值目標本身的精確度也會提升。

　　然而，很多日本企業都會訂下毫無根據，只不過經營首腦或經理的單純願望的數值目標，丟出去說「現場人員自己去想該怎麼達成」，這樣的案例還真不少。太多企業都會給予這樣的目標，讓員工們被無意義的努力折磨得身心俱疲、工作動力降低。不僅如此，關於事業開始啟動之後的數字管理，軟銀也和一般的公司有很大的不同。

　　很多公司會在事業開始前花時間擬定縝密的計畫，但是在事業實際開始之後，卻只會用在預算管理上。然而，事業開始前擬定的計畫只是紙上談兵。實際做了之後，一定會出現不同於預測值的數字。所以，軟銀的事業計畫會在執行後才真正開始。即時掌握現場人員交上來的數字，利用迴歸分析等手法進

行檢核，和事業計畫比對調整。如果實測值和目標值的差距懸殊，就思考該如何改善數值，高速循環 PDCA。從現場的員工到最上層的主管，每個階層都會實踐。

讓事業計畫本身持續變化，就是軟銀風的 PDCA。孫總裁常說：「商務計畫要做 1,000 個版本」。意思是說，要一邊計算所有的數值，一邊套進算式裡，算出所有想像得到的狀況的預測值。所以才能判斷：「獲得顧客的成本上升到 1 萬 2,500 日圓，就無法在 2005 年度以前達成黑字。還是把 1 萬日圓以上的代理店砍掉吧。」選擇最適合且最正確的行動。

相對的，其他公司則會在事業開始前沒來由地建立計畫，等到事業啟動後，也不進行重新審視的作業。以種類來說，最多只會做「樂觀的情況」、「一般的情況」、「悲觀的情況」這 3 種版本。所以最後就會陷入必須靠現場員工們的努力、毅力想辦法解決的事態。

然而，要讓事業計畫真的具有意義，有時候必須從總體到細節變更商務計畫。孫總裁之所以是很優秀的經營人，就是因為他能因應必要，瞬時做出這些判斷。正因為常看數字，能擬定實在的計畫，軟銀才會以壓倒性的強勢持續勝過其他公司。

9 將該主動吸收的
顧客明確化

達成黑字，商務的基礎穩固後，最後就要把焦點放在「存留期間」的數字。到此為止，我們看的都是單年度的營業利潤，進入這個階段之後，就必須用第一章介紹的算式，思考公司的中長期營業利潤。

營業利潤＝（顧客人數×顧客單價×存留期間）－（獲得顧客的成本＋維持顧客的成本）

增加顧客，拉長「線」，接著乘以顧客單價，取得「面」之後，最後就要加上存留期間的「時間軸」，做成「立方體」。到了這個階段，軟銀的三次元經營模式就完成了。本來，孫總裁就是刻意選擇他口中的「像牛的口水一樣的生意」。

他意識到終生價值（LTV），策略性地選擇不是「賣一次就結束」的生意。不管是 ADSL 還是收集、智慧型手機，應該很少有人會在簽約後馬上解約。

話雖如此，還是會有人在中途換到其他公司，也有人一直用軟銀超過 10 年。因此到了這個階段，將戰略重點放在儘量拉長「一個人是顧客的期間＝存留期間」，使公司的未來利潤最大化

是很重要的。只要商務持續了一定期間，這個「存留期間」也可以用數字掌握。於是，軟銀便繼續統計每個銷售管道、銷售手法、活動的存留期間。

結果就掌握了「在家電量販店一起購買 ADSL 和電視的顧客，存留期間比較長」的實測值。買了電視之後，順便在店員推薦下裝了 ADSL 的人，估計多半是本來就不太懂 IT 的人。所以只要提供免費設置工程，先讓顧客能使用，之後應該不太會考慮換成其他公司吧。相反的，透過網路申請的人則大多都是習慣網路操作的人，所以一有便宜的服務登場，他們就會立刻換過去，因此得到的是存留期間沒那麼長的數值。

就像這樣，只要知道存留期間，「該積極吸收的顧客和並非如此的顧客」的分類就很明確了。舉例來說，如果一年付 4 萬日圓的顧客連續使用服務 3 年，為公司帶來的金額就是 12 萬日圓。即使對這個人花費 8 萬日圓的獲得顧客成本，扣掉之後也能得到 4 萬日圓的利潤。

然而，就算 1 年付了 6 萬日圓，如果在第一年就解約了，這名顧客為公司帶來的利潤就是 6 萬日圓。要是把 8 萬日圓的獲得顧客成本用在這個人身上，就會變成 2 萬日圓的赤字。因此，我們可以判斷不用主動吸收這種類型的顧客。實際上，留住購買商品的人也要花成本，所以這個人的終生價值可以用下面的算式計算。

「（顧客單價×存留期間）－（獲得一名顧客的成本＋維持顧

客的成本）」算出每個類型的終生價值，刷掉終生價值是負數
的顧客，終生價值是零的顧客也要繼續吸收。這就是讓這個事
業產生的利潤最大化的方法，也是軟銀的終極獲勝方法。

圖 5-6 三次元經營階段　延長存留期間

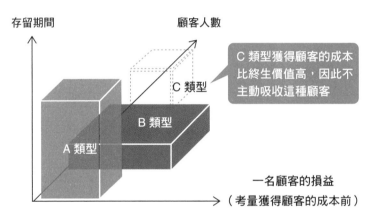

算出每個類型的「終生損益（＝立方體的體積）－獲得顧
客的成本＝終生價值」

連終生價值是零的顧客類型，也要持續吸收，將事業產
生的利潤最大化

意識到終生價值，會造成極大的差距

　　只要意識到終生價值，對獲得顧客的成本的想法也會改變。單看一定期間的損益，會覺得「顧客 1 年付的金額是 1 人 4 萬日圓。那獲得顧客的成本就得壓到這個數字以下」。

　　可是，如果看終生價值的數數字，就會認為「這個類型的顧客平均存留期間是 3 年。如果有 4 萬日圓×3 年＝12 萬日圓的話，就可以投入獲得顧客的成本」。這麼一來，誰輸誰贏也很清楚了。在獲得顧客的成本花 4 萬日圓的公司和花 12 萬日圓的公司，一定是後者能獲得比較多顧客。由於可以把錢花在促銷和宣傳上，就能確實得到花費成本所換來的成果。

　　從終生價值看數字的公司和不是這樣的公司，就跟徒手打仗和用戰車打仗一樣，攻擊力會有很大的差距。聽我這麼一說，各位就能了解軟銀可以在各種商務獲得壓倒性勝利的原因了吧？「Yahoo! BB」服務開始的時候，看到我們撐起遮陽傘，免費發送數據機的情形，人們也曾批評「怎麼會搞那麼廉價的銷售處？」、「把數據機發給小孩跟老年人能幹嘛？」我也看過裝著數據機的紅色袋子被丟進車站前的垃圾桶的悲傷光景。

　　即使如此，我們還是執行了所有的方法，取得大量的數字，軟銀才能建構今天這種利用數值化的精緻三次元經營模式。現在，軟銀集團全體的市值達到 10 兆日圓規模，孫總裁

誇下豪語：「要在 2040 年成為 200 兆日圓的企業。」

　　令人覺得不經大腦的這個目標，一定會一如他的宣言，順利達成吧。我會如此確信，也是因為知道孫總裁的話背後，一直都有本書介紹的數值化工作術佐證。

結語
數字之前，人人平等

　　我從軟銀離職至今，已經有 10 年以上的歲月流逝。與孫總裁見面的頻率大概是 1 年 1 次，不過他嚴格教導的數值化工作術，我至今仍天天活用在自己的工作和公司經營上。

　　拜這個數值工作術所賜，我從 2015 年開始的英文學習一年完全支援方案「TORAIZ」，已經成長到學生人數只差一點就超過 1,000 人了。新學生也持續增加，免費諮詢更是連預約都得排候補，我真的覺得很感謝。完全從零開始的事業能在這麼短的期間上軌道，也是孫總裁教我的數值化工作術成為我這個經營人的基礎，牢牢支撐著我。

　　回顧在軟銀的時代，我會深切覺得「這真的是一家好公司」，就是因為貫徹了「數字之前，人人平等」的鐵則。只要能根據數字說話，不管說的人是孫總裁還是新員工，其發言都會受到完全同等的對待。不靠一個人的主觀判斷「好、壞」，所有事物都以數字為根據，客觀而中立地判斷。這就是軟銀的文化，也是軟銀獲勝的祕訣。

　　當然，孫總裁也常率先提出想法，但他不會執著於讓自己

的意見通過。他常有彈性地接受屬下們的提案，嘗試所有的方法。只要用數字檢核結果，鎖定最好的方法即可。就算最後留下來的意見和自己當初的意見不同，孫總裁也完全不會介意。

「不管是誰的想法都無所謂，只要執行最賺錢的方法就行了！」如果代替孫總裁的腦內發言，一定是這樣感覺吧。

在很多老闆認為「只要乖乖聽上面的人說的話就好了」之中，我覺得只執著於「能不能協助達成目標」這一點的孫總裁的一貫性，非常值得尊敬。

用「6：3：1 理論」控制風險

相較之下，很多日本企業到現在都還是靠「是誰說的」來決定事物吧？地位較高的人說「烏鴉是白色」，底下的人也很難否定，會死心覺得：「反正就算我說『烏鴉是黑色』，上面的人也不會聽，什麼都不會改變。」我認為這種思考停止的狀態，就是讓企業和組織加速劣化，使整個日本失去活力的最大要因。若是老闆或主管知道正確答案的時代，「照上面說的去做」的做法，或許還能帶來相應的結果。

可是，現在是變化速度史無前例，看不見未來的不確定時代。即使是過去有成功經驗的主管，也無法正確知道該如何解決現在面臨的問題。所以，就算屬下提出新的提案，他們也會

「因為不知道能不能順利進行」而害怕失敗，放棄挑戰。主管全都是這副德性，下面的現場員工自然也不會挑戰了。很遺憾，這就是許多日本企業的現狀。

然而在商場上，沒有什麼成果是能靠零風險獲得的。冒險從事新事物，才能獲得回報。那麼，在這個無法預測未來的時代，該如何冒險挑戰新事物呢？對於這個問題的答案，我提倡「6：3：1理論」。

要是一次刷新所有的做法，風險當然會變大。所以要將工作比例分成「6：3：1」，先從其中的一成挑戰新方法。這就是在商務上運用這個理論的重點。舉例來說，我們可以從過去一直委託相同業者的工作中，分出 1 成來委託新的業者。就算這個新業者沒能帶來預想的成果，只有 1 成的話，也能將損失壓到最小限度，要收回這些損失也不是多難的事。

如果新業者帶來滿足期待的成果，下次就可以把 3 成業務換給新業者做，空出來的一成再拿來委託別的新業者。就像這樣，只用一部分嘗試新事物，如果發現好的方法，就慢慢增加成全體的 3 成或 6 成，這樣的做法就可以「在控制風險的同時挑戰新事物」。這樣的話，對風險的容許度很低的日本企業應該也能增加挑戰的機會吧？

只不過，要正確活用這個理論，必須用數字即時檢核新方法有多順利，並立即進行改善或修正。正因為未來不透明，我們只能一邊根據數值化冷靜看清「要冒多少險」的界線，一邊

前進。徹底實踐這一點的就是孫總裁，以及軟銀這家公司。連
孫總裁這種領導能力優異的經營人，都不知道正確答案。只有
使用數值化的武器，用比任何人都快的速度知道接近正確答案
的方法一途。看在他人眼裡，就像是能預見未來一樣。

只要進行數值化，你的職場和公司也會改變

　　當然，數值化工作術不只是解決經營階層問題的道具。在
你每天從事的工作上，一定也能派上用場。如果現在有問題或
煩惱，就先試著執行「將問題分類，計算並分析，執行解決方
法，再用數字檢核結果」這個循環。你一定會看見和過去不同
的景色。除此之外，嘗試新事物總是很快樂的。「只要進行數值
化，連這樣的問題都能解決耶！」這樣的興奮感，我自己也體驗
過好幾次。

　　若能迅速處理掉過去無法解決的問題，生產性也會提升。
如果可以與團隊或部署分享數值化工作術，還能獲得更豐碩的
成果。即使一開始只有組織的一部分產生變化，只要你的團隊
創造出前所未有的價值，其影響一定能波及其他的組織。如果
可以利用數值化從下往上推動，公司全體也很有可能會改變。

　　倘若本書介紹的數值化工作術能讓你的職場產生活力，工
作方式變得更充實，那就是最令我高興的事了。如果這樣的企

業增加，整個日本一定也會變得更有元氣吧。我衷心希望如此
明亮的未來能夠來臨。

職場通 職場通系列 044

孫正義解決問題的數值化思考法
把問題化為數字，一次解決
效率不佳、工作瓶頸、人才流失等關鍵問題！
孫社長にたたきこまれた すごい「数値化」仕事術

作　　　者	三木雄信
譯　　　者	羊恩媺
總 編 輯	何玉美
主　　　編	林俊安
選 書 人	盧羿珊
編　　　輯	盧羿珊
封面設計	張天薪
內文排版	菩薩蠻數位股份有限公司

出版發行	采實出版集團
行銷企劃	陳佩宜・黃于庭・馮羿勳
業務發行	林詩富・張世明・吳淑華・林踏欣・林坤蓉
會計行政	王雅蕙・李韶婉
法律顧問	第一國際法律事務所　余淑杏律師
電子信箱	acme@acmebook.com.tw
采實官網	www.acmebook.com.tw
采實文化粉絲團	http://www.facebook.com/acmebook

I S B N	978-986-91240-9-6
定　　　價	320 元
初版一刷	2018 年 6 月
劃撥帳號	50148859
劃撥戶名	采實文化事業股份有限公司
	104 台北市中山區建國北路二段 92 號 9 樓
	電話：02-2518-5198
	傳真：02-2518-2098

國家圖書館出版品預行編目資料

孫正義解決問題的數值化思考法：把問題化為數字，一次
解決效率不佳、工作瓶頸、人才流失等關鍵問題！/ 三木
雄信著；羊恩媺譯. -- 初版. -- 台北市：核果文化, 2018.06
　　面；　　公分
譯自：孫社長にたたきこまれたすごい「数値化」仕事術
ISBN 978-986-91240-9-6(平裝)

1.商業數學

493.1　　　　　　　　　　　　　　　　　　107006688

SUGOI 'SUUCHIKA'SHIGOTOJUTSU
Copyright © 2017 by Takenobu MIKI
Originally published in Japan in 2017 by PHP Institute, Inc.
Traditional Chinese translation rights arranged with PHP Institute, Inc.through CREEK&RIVER CO., LTD.

 采實文化事業股份有限公司

10479台北市中山區建國北路二段92號9樓

采實文化讀者服務部　收

讀者服務專線：（02）2518-5198

孫正義解決問題的
數值化
思考法

孫社長にたたきこまれた
すごい「数値化」仕事術

職場通 系列專用回函

系列：職場通系列 044
書名：孫正義解決問題的數值化思考法

讀者資料（本資料只供出版社內部建檔及寄送必要書訊使用）：

1. 姓名：

2. 性別：□男　□女

3. 出生年月日：民國　　　　年　　　　月　　　　日（年齡：　　　　歲）

4. 教育程度：□大學以上　□大學　□專科　□高中（職）　□國中　□國小以下（含國小）

5. 聯絡地址：

6. 聯絡電話：

7. 電子郵件信箱：

8. 是否願意收到出版物相關資料：□願意　□不願意

購書資訊：

1. 您在哪裡購買本書？□金石堂（含金石堂網路書店）　□誠品　□何嘉仁　□博客來

　□墊腳石　□其他：＿＿＿＿＿＿＿＿＿＿＿＿（請寫書店名稱）

2. 購買本書的日期是？＿＿＿＿年＿＿＿＿月＿＿＿＿日

3. 您從哪裡得到這本書的相關訊息？□報紙廣告　□雜誌　□電視　□廣播　□親朋好友告知

　□逛書店看到　□別人送的　□網路上看到

4. 什麼原因讓你購買本書？□對主題感興趣　□被書名吸引才買的　□封面吸引人

　□內容好，想買回去試看看　□其他：＿＿＿＿＿＿＿＿＿＿＿＿＿＿＿＿（請寫原因）

5. 看過書以後，您覺得本書的內容：□很好　□普通　□差強人意　□應再加強　□不夠充實

6. 對這本書的整體包裝設計，您覺得：□都很好　□封面吸引人，但內頁編排有待加強

　□封面不夠吸引人，內頁編排很棒　□封面和內頁編排都有待加強　□封面和內頁編排都很差

寫下您對本書及出版社的建議：

1. 您最喜歡本書的哪一個特點？□實用簡單　□包裝設計　□內容充實

2. 您最喜歡本書中的哪一個章節？原因是？

＿＿＿

＿＿＿

3. 您最想知道哪些關於健康、生活方面的資訊？

＿＿＿

＿＿＿

4. 未來您希望我們出版哪一類型的書籍？

＿＿＿

＿＿＿